U0342013

产品设计表现
SolidWorks & KeyShot

邹涛 著

my kid bicycle desi_n

知识产权出版社
全国百佳图书出版单位

图书在版编目（CIP）数据

产品设计表现／邹涛著．—北京：知识产权出版社，2015.11
ISBN 978－7－5130－1521－9

Ⅰ．①产…　Ⅱ．①邹…　Ⅲ．①工业产品—计算机辅助设计—
应用软件　Ⅳ．①TB472-39

中国版本图书馆 CIP 数据核字（2012）第 215785 号

内容提要

本书通过借助 8 个产品设计 SolidWorks 2011 版建模案例，采取初、中、高三级分类，涵盖单体零件的产品建模、简单装配体产品建模、测绘产品设计建模、曲面产品设计建模、复杂综合实体产品建模以及一个基于 KeyShot 3.2.32 渲染软件的渲染章节。

责任编辑：罗　慧　刘　江　　　　　　责任校对：孙婷婷
特约编辑：冯春时　　　　　　　　　　责任出版：卢运霞

产品设计表现
Chanpin Sheji Biaoxian
邹涛　著

出版发行：知识产权出版社有限责任公司	网　　址：http：//www.ipph.cn
社　　址：北京市海淀区马甸南村 1 号	天猫旗舰店：http：//zscqcbs.tmall.com
责编电话：010－82000860 转 8345	责编邮箱：liujiang@cnipr.com
发行电话：010－82000860 转 8101/8102	发行传真：010－82000893/82005070/82000270
印　　刷：北京中献拓方科技发展有限公司	经　　销：各大网上书店、新华书店及相关专业书店
开　　本：787mm×1092mm　1/16	印　　张：22.5
版　　次：2015 年 11 月第一版	印　　次：2015 年 11 月第一次印刷
字　　数：501 千字	定　　价：60.00 元
ISBN 978－7－5130－1521－9	

写在前面

数字化技术在工业设计行业具有越来越重要的作用。

由于工业设计是一个高度复杂的系统化过程，这个过程需要众多方面的专业人士参与，所以构建一个全方位的整体视觉化设计体系对设计工作的开展具有不同凡响的意义，尤其是并行设计的开展具有更加重要的意义。

设计之初，设计的思维更多的是通过手绘的形式将设计的概念视觉化，其间手绘具有举足轻重的作用，这是对于一个工业设计师来说是应该具有的基本技能。然而一旦设计概念视觉化后，我们面向的就是如何将概念化的产品从产品多设计因素的角度来进行设计表达，这些因素包括造型、结构、工艺、材料、成本等。基于参数化的实体软件表现顺理成为设计表达的核心所在。

本书面向工业设计行业，定位于产品设计表现，注重以参数化的方式来表现产品造型为主，是典型的基于下游环节的设计表现方法。在品读本书之前，有必要就设计和表现两个概念进行阐述。在笔者看来，设计是全方位的、系统的，而表现是针对性的，是针对不同阶段、不同设计人员的。尽管工业设计师主要作用是造型，而正是因为产品造型我们不能与产品的功能、结构、材料、工艺、表面工艺、人机关系、成本等因素相剥离，虚拟现实的技术正好能够让工业设计和工程技术人员、工艺人员等等与产品设计、生产制造等所有相关人员更好的交流，进而促成产品设计的系统性与完整性。设计需要考虑众多的相关因素，如造型、结构、材料、工艺、成本等，但现有的设计培养中在许多方面是做的不够的，本书的诞生正是希望能够将我在工业设计领域的一点点设计实践积累，借助于产品造型建模过程的分析，改变工业设计人才培养体系上对此环节的忽视。

本书由作者独立完成，所选案例均出自作者一线课题设计实践。全书借助 8 个产品设计案例，除第一章和第七章之外，其他章节都包括一个实际的产品设计案例，采用初、中、高三级分类，通过产品模型建立的完整过程，从工程的角度实现产品设计表现，涵盖单体零件类产品、简单装配体产品、测绘产品设计、曲面产品设计以及复杂综合实体产品。相关案例的电子文稿或相关问题可通过 tobyzoutao@126.com 与作者沟通。

建议阅读本书的顺序为第 1 章至最后再回到第 1 章；或者从第 2 章至最后再回到第 1 章。

邹　涛

于湖南长沙岳麓山下

目　　录

第1章 SolidWorks 软件知识

1.1 SolidWorks 简介

SolidWorks 是一套具有基本特征的参数化实体模型设计工具，采用易学易用的 Windows 界面，不论有无 CAD 软件使用经验，用户都可以利用 SolidWorks 的建模功能方便地建立三维实体模型。图 1-1 是 SolidWorks 缺省界面。

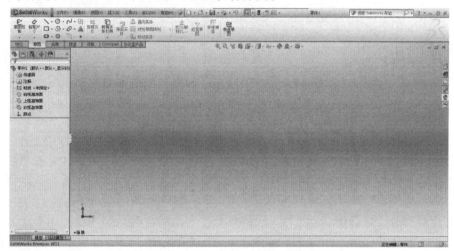

图 1-1 SolidWorks 缺省界面

（1）3D 设计。SolidWorks 使用 3D 设计方法。设计零件时，从初始草图到最终模型，将创建一个 3D 实体。从该 3D 实体，可以创建 2D 工程图，或者配合不同的零部件创建 3D 装配体，还可以创建 3D 装配体的 2D 工程图。

（2）基于零部件。SolidWorks 应用程序最强大的特征之一，对零件所作的任何更改都可以反映到所有相关的工程图或装配体中。

（3）基本特征。如同装配体是由多个单独的零件所组成一样，单一的 SolidWorks 模型也是由多个单独的组成组件构成，这些组件称为特征。

1.2 用户界面

SolidWorks 应用程序包括多种用户界面工具和功能，有助于高效率地创建和编辑模型。这些工具和功能包括：

（1）Windows 功能。熟悉的 Windows 功能，如拖动窗口和调整窗口大小，以及相同的图标，如打印、打开和保存、剪切和粘贴等，如图 1-2 所示。

图 1 - 2　菜单及标准工具栏

（2）SolidWorks 文档窗口。SolidWorks 文件窗口有两个窗格。左边窗格包括：①Feature Manager 设计树，列举零件、装配体或工程图的结构，从 Feature Manager 设计树中选择一个实体，可以编辑内部草图、编辑特征、压缩和解除压缩特征或零部件，等等；② Property Manager，显示许多功能（草图、圆角特征、装配体配合等）的相关信息和用户界面功能；③Configuration Manager，帮助创建、选择和查看文件中的零件和装配体的多个配置；④自定义的第三方插件窗口，包括插件信息。右侧窗口为图形区域，此窗格用于创建和处理零件、装配体或工程图，如图 1 - 3 所示。

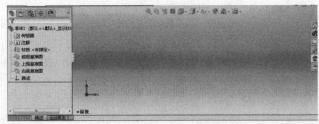

图 1 - 3　特征树与窗口

（3）功能选择和反馈。SolidWorks 应用程序允许使用不同方法执行任务。当执行绘制实体的草图或应用特征时，SolidWorks 应用程序还提供反馈。反馈包括指针、推理线、预览等。

当创建草图时，指针将动态更改，以提供草图实体的类型数据和指针相对于其他草图实体的位置数据。例如：指针指示矩形草图；指针指示草图线条或边线的中点。

1.2.1　鼠标按键

左键：选择菜单项目、图形区域中的实体以及 Feature Manager 设计树中的对象。
右键：显示上下文相关快捷菜单。
中键：旋转、平移和缩放零件或装配体，以及在工程图中平移。

1.2.2　菜单栏

菜单栏除显示当前文档的标题外，还包括标准工具栏的部分工具、SolidWorks 菜单（如图 1 - 4 所示）、SolidWorks 搜索以及帮助选项（如图 1 - 5 所示）。用户可以通过菜单访问所有 SolidWorks 命令。

图 1 - 4　菜单栏

图 1 – 5　SolidWorks 搜索以及帮助

1.2.3　工具栏

工具栏可以访问 SolidWorks 命令。工具栏工具功能可以自行来组织，如草图工具栏或装配体工具栏。每个工具栏由代表特定工具的单独图标组成，图 1 – 6 为特征工具栏。

图 1 – 6　特征工具栏

当在工具栏上点击右键时，如图 1 – 7 所示，弹出以下选项。用户可以在需要显示的工具栏前点击，工具栏即可显示。

图 1 – 7　特征工具栏显控菜单

视图工具栏提供了各类视图和窗口操作功能，如图 1 – 8 所示。

图 1 – 8　视图工具栏

1.3　设计意图

想要高效地使用 SolidWorks，在绘制模型前，必须先考虑好设计意图。设计意图即是对模型改变动向的计划。绘制模型的方法同时也支配其改变方式。至于如何掌握设计意图，得自以下几个因素的帮助。

（1）自动给定限制条件：以几何图形的绘制为基础，这些关系可以在对象中提供公共的几何性关联，如平行、互相垂直、水平、垂直关系。

（2）数学关系式：以代数方式使尺寸相关联，它提供一种由外部强制改变的方法。

（3）加入限制条件：加入几何限制条件是建立模型的方式之一，如同轴心、相切、重合、共线等。

（4）标注尺寸：绘图时给定尺寸的方法会影响设计的意图，并影响能够改变的程度。

1.3.1　设计意图示例

以下是在相同的草图中，不同设计意图的例子。

如图 1 - 9 所示，在这张草图中，不论总宽度的值 200mm 是否改变，孔与边的距离固定为 40mm。

如图 1 - 10 所示，对于基线而言，孔的位置与左边线保持相对的定位，不受总宽度值的影响。

如图 1 - 11 所示，由边到中心点，或从中心点到中心点标出尺寸，两个孔心间的距离将保持不变，同时，也仅能在相同的前提下作改动。

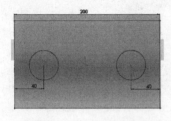　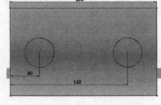　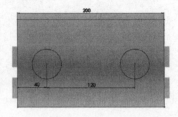

图 1 - 9　定位工程图 1　　　　图 1 - 10　定位工程图 2　　　　图 1 - 11　定位工程图 3

1.3.2　特征如何影响设计意图

设计意图不只因草图的尺寸标注而异，特征的选择与模块化的方法也很重要。例如，有许多方法可以建立如图 1 - 12 所示的简易多径轴。

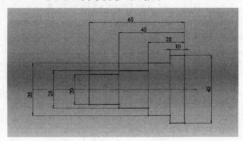

图 1 - 12　定型工程图

圆柱堆叠方法：用圆柱堆叠的方法，一次只会建立一部分零件。将每一层或每个特征堆加到前一个特征上面，如图 1 - 13 所示，变更任意一层的厚度都会产生涟漪作用，会改变之后所制作的每一层的位置。

断面旋转方法：断面旋转方法会将零件建立成单一旋转的特征，呈现出半横断面区域的单一草图，包含了所有必要信息与尺寸，如图 1 - 14 所示，目的是要让该零件当做一个特征。这种方法看起来很有效，但是单一特征的信息会具有弹性限制，并且会使这些变更较难控制。

图 1 – 13　圆柱堆叠法模型视图

图 1 – 14　断面旋转法模型视图

切除材料的制造方法：模型的制造方法仿效零件的制造方法。举例说来，若用车床来加工、处理阶梯轴，则可以用一连串的切除动作除去一个圆柱状材料的多余部分，如图1 – 15 所示。

图 1 – 15　切除材料法模型视图

1.4　设计方法

定义需求并分离适当的概念以后，可以通过以下步骤开发模型。

（1）草图：创建草图，决定如何标注尺寸，何处应用几何关系，等等。

（2）特征：选择适当的特征，确定要应用的最佳特征，以何种顺序应用这些特征。

（3）装配体：如果模型为装配体，选择配合什么零部件，应用何种配合，等等。

需要注意的是，模型总是包含一个或多个草图以及一个或多个特征的，并非所有的模型都包含装配体。

1.4.1　草　图

创建模型从草图开始。从草图可以创建特征，可以结合一个或多个特征创建零件。然后，可以结合和配合适当的零件创建装配体。从零件或装配体，就可以创建工程图。

草图指的是 2D 的轮廓或截面。要创建 2D 草图，可以使用基准面或片面；除了 2D 草图，还可以创建包括 X 轴、Y 轴、Z 轴的 3D 草图。

创建草图的方法有很多。所有草图都包含以下实体：原点、基准面、尺寸、草图定义、几何关系。

（1）原点：许多情况下，草图都开始于原点，原点为草图提供了定位点；其他情况下，可以不同地使用原点。

（2）基准面：可在零件或装配体文件中生成基准面，可以在基准面上使用直线或矩形工具绘制草图，创建模型的剖面视图，等等。在一些模型中，您选择用来绘制草图的基准面只影响使用标准等轴测视图（3D）时模型显示的方法，而不会影响设计意图。对于其他模型，选择正确的初始基准面来绘制草图，可以帮助创建更加高效的模型。

前视基准面是新零件第一个草图的默认基准面，其他两个标准基准面使用上视和右视方向，也可以根据需要添加和定位基准面。

（3）尺寸：可以指定尺寸及各实体间的几何关系。尺寸定义长度、半径等，当更改尺寸时，零件的大小和特性也会随之更改。能否保持设计意图，取决于如何为零件标注尺寸。

一种保持设计意图的方法是，在更改其他尺寸时保持一个尺寸不变。在此关联下，有驱动尺寸和从动尺寸。

1）驱动尺寸：使用尺寸工具创建驱动尺寸。驱动尺寸在更改模型的值的时候更改模型大小。

2）从动尺寸：模型相关的一些尺寸为从动尺寸。从动尺寸由 SolidWorks 软件创建，只应用于信息。可以删除从动尺寸，但是不能修改它们。当修改驱动尺寸时，从动尺寸将相应更改。

（4）草图定义：草图可以分为完全定义、欠定义或过定义三种。在完全定义的草图内，草图中所有的直线和曲线及其位置，均由尺寸或几何关系或由两者共同说明。在使用草图创建特征之前，不需要完全定义草图，但是，要完成零件，应该完全定义草图。

通过显示欠定义草图的实体，可以确定需要添加什么（尺寸或几何关系）来完全定义草图。可以使用颜色提示来确定草图是否为欠定义。除了颜色提示外，欠定义草图的实体在草图中不固定，因而可以拖动它们。

过定义的草图包含冗余的尺寸或几何关系。可以删除过定义的尺寸或几何关系，但是不能编辑它们。

（5）几何关系：几何关系在草图实体之间建立几何关系（相等、相切等）。

1.4.2　特征

完成草图以后，可以使用拉伸或旋转等特征来创建 3D 模型。一些基于草图的特征为特征（凸台、切除、孔等），其他基于草图的特征（如放样和扫描）则使用沿路径的轮廓。另一种特征为应用特征，如圆角、倒角或抽壳。所有零件都包含基于草图的特征，多数零件包含应用特征。

1.4.3　装配体

可以创建多个零件并组合在一起生成装配体。可以使用重合、共线等配合工具在装配体内集成零件。使用移动零部件或旋转零部件等工具，可以看到装配体中的零件如何在 3D 关联中运行。为确保装配体正确运行，可以使用碰撞检查或干涉检查等装配体工具。

1.4.4　工程图

从零件或装配体模型可创建工程图。工程图在多个视图中使用，这些视图包括一系列标准三视图、等轴测视图（3D）等，可以从模型文件导入尺寸、添加注解（例如基准目标符号）等。

1.5　模型编辑

使用 SolidWorks Feature Manager 设计树和 Property Manager，编辑草图、工程图、零件或装配体。编辑功能包括以下 5 项。

（1）编辑草图：可以在 Feature Manager 设计树中选择草图，然后编辑草图。可以编辑草图实体、更改尺寸、查看或删除现有几何关系、在草图实体之间添加新的几何关系、更改尺寸显示的大小，等等。

（2）编辑特征：创建特征以后，可以更改与该特征相关的多数值。要编辑特征，使用编辑定义显示适当的 Property Manager。

（3）隐藏/显示：对于某些几何体，例如，单个模型中的多个曲面体，可以隐藏或显示一个或多个曲面体。也可以在所有文件中隐藏和显示草图，在工程图中隐藏和显示视图、线条和零部件。

（4）压缩/解除压缩：可以从 Feature Manager 设计树中选择任何特征，压缩此特征以查看无此特征时的模型，然后将此特征解除压缩，在初始状态下显示模型，也可以压缩/解除压缩装配体中的零部件。

（5）退回：如果要显示有多个特征的模型，可以将 Feature Manager 设计树退回之前的状态，这将显示模型中直到退回状态以前的所有特征，直到将 Feature Manager 设计树反转回初始状态。

1.6　重点提示

学好基于 SolidWorks 产品设计模型表现，从工业设计的角度还需要注意理解几个关键概念，分别是产品、零件、工艺和结构、表面处理等。

（1）产品：产品是工业化社会批量化生产的对象。正是这种批量化的特征，进一步体现出工业设计专业化分工的重要意义。在产品模型制作过程中一定要理解开发的产品是需要批量化的，因此设计不容忽视任何细节。模型的建立不求复杂，关键是能够将设计初表表现到位。

（2）零件：零件是任何产品构成的基础，包括外观件。外观件是透视产品的视觉界面，因此，外观件富含大量的认知交互信息。工业设计的本质任务还是造型，实际关注焦点在外观零件上。因此，外观件应该具有常规零件的特性，能够高效地生产加工，满足结构、装配等要求，并且能够配合其他外观件形成整体风格。

（3）工艺和结构：产品模型是可以读取每一个零件的工艺和结构的，因此，工业设计师应该广泛地积累各类工艺和结构的知识。就实践过程而言，工艺和结构是不分家的，什么样的结构就会要求采取相应的工艺，什么样的工艺也对结构有相应的要求。

（4）表面处理：表面处理离不开表面处理工艺和外观零部件的材料特性，不同的材料表面处理工艺亦有不同。建模这个阶段很难建出表面效果。通常，只有在渲染的时候，才会对材料的表面效果采取调整材质参数或贴图等形式进行准确的虚拟表现。

第 2 章　初级单体产品建模

概念草图

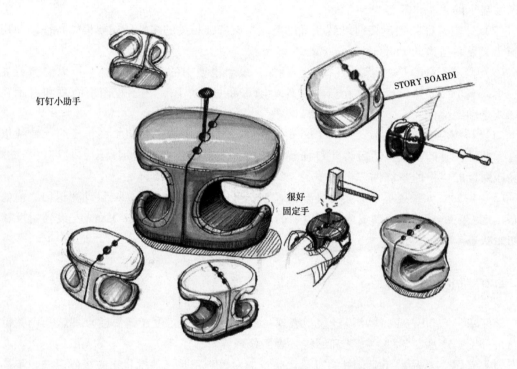

钉钉小助手

STORY BOARDI

很好
固定手

三视图

前　　右

顶

未对称

瓶子开发设想

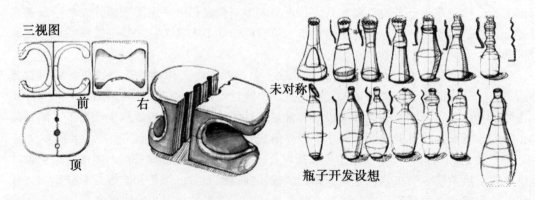

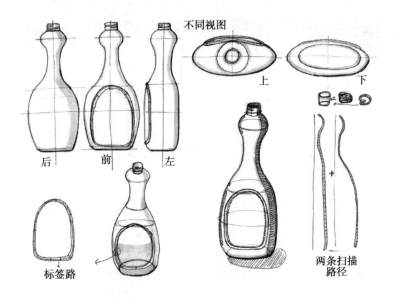

不同视图

上　　下

后　　前　　左

标签路

两条扫描
路径

本章主要介绍不含装配的单体零件产品的建模，内容有拉伸、拉伸切除、倒圆角、扫描和旋转等基本特征工具的使用等。通过本章的学习，可以了解最基本的生成实体的工具和掌握瓶子类产品的曲面建构方法。

2.1　塑料夹建模

【思路分析】这是一个左右对称的模型，如图 2 - 1 所示，可以先建一半模型，再采取装配 2 个零件的办法即可得到。

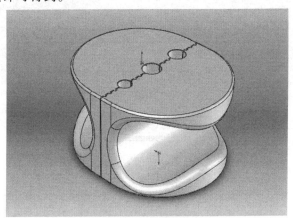

图 2 - 1　模型视图

2.1.1　制作主体

启动 SolidWorks 软件，在菜单处点击【文件】→【新建】，以新建一个文件，命名为"左"，如图 2 - 2 所示。

图 2-2　新建文件

（1）绘制草图 1❶：选定上视基准面，如图 2-3 所示，然后点击草图工具面板上的草图绘制。

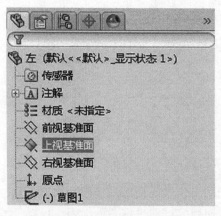

图 2-3　绘制草图

点击草图工具面板中的 ＼・的箭头中的 ▒（中心线）工具，在上视基准面上绘制一条中心线，如图 2-4 所示。

提示：对于对称的物件建模，绘制中心线能事半功倍。

图 2-4　绘制中心线

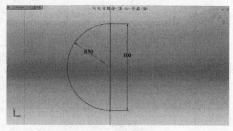

图 2-5　绘制轮廓图

使用 ▒（圆心/起/终点画弧）工具以原点为圆心绘制 180°圆弧，起点和终点都落在中心线上；点击 ＼（直线）工具，连接起点、终点，把距离更改为 100mm，如图 2-5 所示。

（2）拉伸凸台：点击 ▒（拉伸凸台）工具，拉伸出草图形状的凸体，凸体长度为 70mm，如图 2-6 所示。

---

❶ 本书中多次出现"绘制草图"，由于高级建模模型过于复杂不能一一编号，在操作过程中需注意联系上下文。

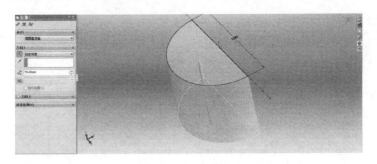

图 2-6　拉伸凸台

（3）绘制草图 2 和拉伸凸台：以凸体侧平面为基准面，点击该平面，然后点击 （直线）工具画出与侧面形状相同的草图（或者直接使用转换实体引用工具），再使用 （拉伸凸台）工具将草图向外拉伸出 10mm，如图 2-7 所示。

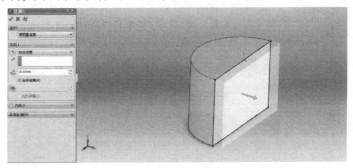

图 2-7　绘制草图和拉伸凸台

2.1.2　制作把手

（1）绘制草图 3：选定前视基准面，点击 （椭圆）工具画出一椭圆，使其圆心与拉伸凸台的上下边线距离相等，尺寸为 35mm，如图 2-8 所示。

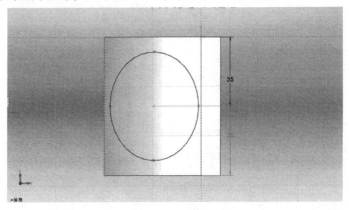

图 2-8　绘制草图

（2）拉伸切除：点击 （拉伸切除）工具，选择其拉伸方向为两侧对称，深度为

180mm，将实体切槽，如图 2 - 9、图 2 - 10 所示。

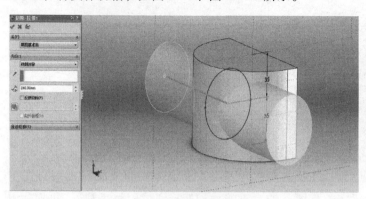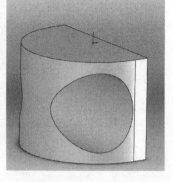

图 2 - 9　拉伸切除　　　　　　　　　　　图 2 - 10　拉伸切除后

（3）倒圆角：点击□（圆角）工具，选取上弧线边线进行倒圆角，如图 2 - 11 所示，圆角值为 1.5mm。同理，选择下弧线继续倒圆角。

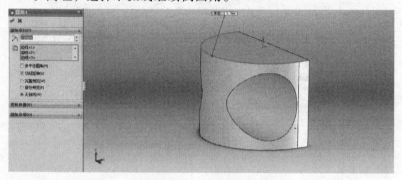

图 2 - 11　倒圆角

为了让手指拿捏处的部位完全打通，点击□（圆角）工具，选取槽口的其中一条边线进行圆角，如图 2 - 12 所示，圆角值为 5mm。此时，槽被打破，所得形态便是手指扶捏的位置，如图 2 - 13 所示。

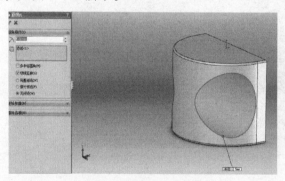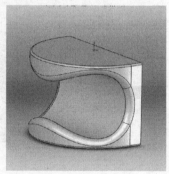

图 2 - 12　选取边线　　　　　　　　　　　图 2 - 13　倒圆角

　　（4）绘制草图/线性阵列/拉伸凸台：点取实体的上表面为基准面，点击 ◎（圆）工具在侧平面所在的边线上画一圆形草图，直径为 2mm，如图 2 - 14 所示，圆心在边线上。

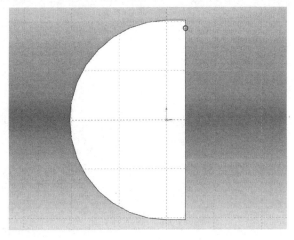

图 2 - 14　绘制圆

　　点击 ▦（线性阵列）工具，以边线为方向，间距 5mm。实例 20，阵列出圆形，如图 2 - 15 所示。

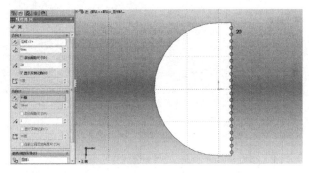

图 2 - 15　阵列圆

　　草图完成后点击 ◙（拉伸凸台）工具，拉伸出 70mm 的凸槽，与实体同高，如图 2 - 16 所示。

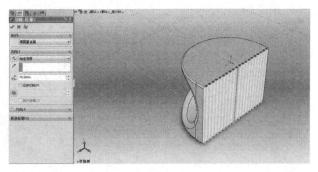

图 2 - 16　拉伸凸台

2.1.3　制作钉孔

（1）拉伸切除：调至上视图，以上表面为基准面，使用 ▣（拉伸切除）工具，切除出三种不同规格（$d=10\mathrm{mm}$、$d=13\mathrm{mm}$、$d=14\mathrm{mm}$）钉子的半圆柱，如图 2-17 所示；中心轴为圆心处，贯穿切除，如图 2-18 所示。

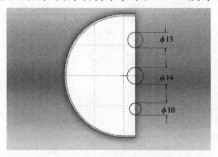 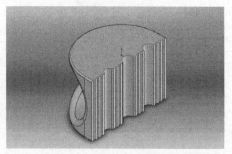

图 2-17　绘制草图　　　　　　　　　图 2-18　拉伸切除

（2）倒圆角：点击 ▣（圆角）工具，如图 2-19 所示，对边线倒圆角，分别为 0.2mm；同理，分别对其他两半圆倒角，半径分别为 0.3mm 和 0.2mm，如图 2-20 所示。

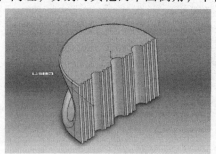 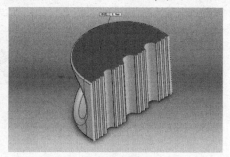

图 2-19　倒圆角　　　　　　　　　　图 2-20　倒圆角

（3）建右半部分：将文件另存为"右"，来做另一半。因为两部分基本相同，所以为使其完全契合，只需要修改契合槽。将控制棒退回到切除-拉伸 1，删除该特征，结果如图 2-21 所示。

从左侧模型制作步骤中，点选草图 4，选择拉伸-切除，选择成形到面。确认后，将控制棒拉倒圆角 15 后，调整部分圆角，如图 2-22 所示。

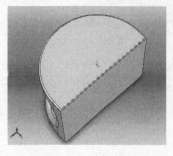 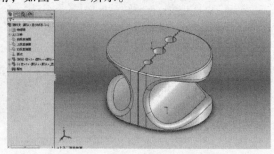

图 2-21　契合槽　　　　　　　　　图 2-22　拉伸切除契合槽

（4）新建装配体：点取标准工具栏中的 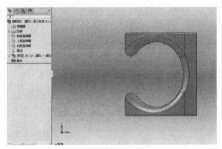（新建装配件）工具，在弹出窗口中选择 （装配件）工具，确定后新建装配体文件，然后点击装配体工具面板上的 （插入零件）工具，插入刚刚建立的两个零部件；先插入"左"部件，然后插入"右"部件，如图 2-23 所示。点击 （配合）工具，从上视、左视两个角度对齐零件，如图 2-24 所示。最后结果如图 2-25 所示。

提示：应将做零件的上面与右零件的下底面对齐，这样圆孔才可对齐。

图 2-23　新建装配体

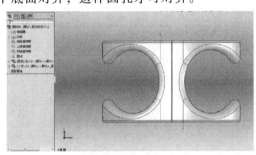

图 2-24　配合零件

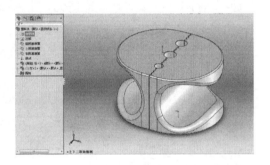

图 2-25　最终效果

2.2　塑料瓶建模

【思路分析】这是一个以曲面为主的模型，如图 2-26 所示，可采用扫描放样出实体模型，然后用抽壳特征把内部抽空。

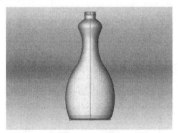

图 2-26　塑料瓶模型

启动 SolidWorks 软件，在菜单处点击【文件】→【新建】，新建一个文件。

2.2.1　制作瓶身

（1）绘制样条曲线：绘制引导线－曲线1。选定前视图为草图基准面，点击 （绘制草图）工具，点击 （样条曲线）工具，在前视图中绘制曲线1，如图2-27所示。

或选择前视图，点击菜单中的【插入】→【曲线】，通过 XYZ 点的曲线输入数据，结果如图2-28所示。

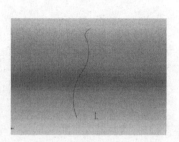

点	X	Y	Z
1	-0.5in	9.13in	0in
2	-1.09in	8.5in	0in
3	-0.86in	7.75in	0in
4	-0.72in	7in	0in
5	-0.81in	6in	0in
6	-1.07in	5.25in	0in
7	-1.53in	4.5in	0in
8	-1.93in	3.75in	0in
9	-2.16in	3in	0in
10	-2.26in	2.25in	0in
11	-2.25in	1.5in	0in
12	-2.12in	0.75in	0in
13	-1.87in	0in	0in

图2-27　绘制曲线1　　　　　　　图2-28　曲线输入数据结果

绘制引导线－曲线2。如同曲线1，选定右视基准面，点击 （绘制草图）工具，点击 （样条曲线）工具，在右视图中绘制曲线2，如图2-29所示。

同样，也可通过 XYZ 点输入曲线，得到引导线2，如图2-30所示。

提示：引导线、路径和轮廓都需单独草图。

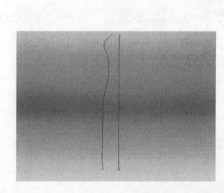

点	X	Y	Z
1	0in	9.13in	0.5in
2	0in	8.5in	1.08in
3	0in	7.75in	0.85in
4	0in	7in	0.75in
5	0in	6in	0.8in
6	0in	5.25in	1in
7	0in	4.5in	1.13in
8	0in	3.75in	1.14in
9	0in	3in	1.16in
10	0in	2.25in	1.17in
11	0in	1.5in	1.19in
12	0in	0.75in	1.2in
13	0in	0in	1.13in

图2-29　绘制曲线2　　　　　　　图2-30　调整曲线2

绘制扫描轮廓－草图1。选择上视基准面，点击 （绘制椭圆）工具，按住 Shift 键，点击选择椭圆点和曲线1，添加几何关系为"穿透"；同理，添加椭圆端点和曲线2，添加几何关系为"穿透"，得到草图，如图2-31所示。

绘制扫描路径－草图2。绘制扫描轮廓线，选定前视基准面，点击 （绘制直线）工具，使起始点和终点与曲线1的起始点和终点分别在同一水平面上，且起始点与中心点重合，如图2-32所示。

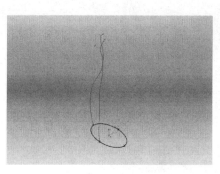

图 2 - 31　绘制扫描轮廓草图 1

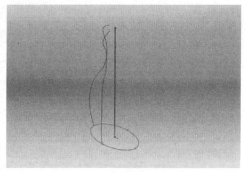

图 2 - 32　绘制扫描路径草图

（2）扫描：选择特征，点击 ⓒ（扫描）工具，选择草图 1 为轮廓线，选择草图 2 为路径，选择曲线 1、曲线 3 为引导线，选择"合并平滑面"，设置如图 2 - 33 所示。

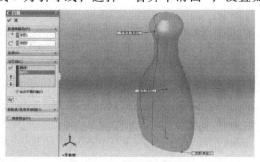

图 2 - 33　扫描实体

2.2.2　制作瓶身纹路

（1）投影曲线：选择前视基准面，绘制草图，关系如图 2 - 34 所示。

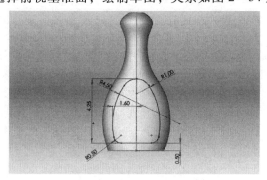

图 2 - 34　绘制投影曲线草图

点击【插入】→【曲线】下的 ⓜ（投影曲线）工具，如图 2 - 35 所示，得到投影曲线。

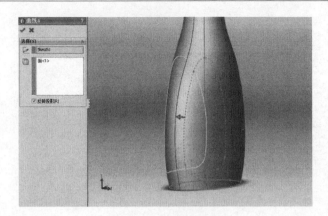

图 2 - 35　投影曲线

（2）绘制草图和扫描：绘制扫描轮廓，选择右视基准面，点击⊚（圆）工具绘制草图 4，如图 2 - 36 所示。

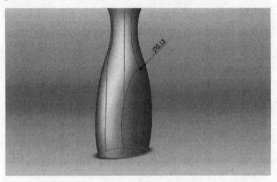

图 2 - 36　绘制扫描轮廓

按住 Shift 键，点击草图 4 和投影曲线，添加几何关系为"穿透"，如图 2 - 37 所示。

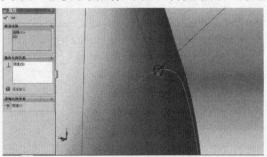

图 2 - 37　添加几何关系

扫描：选择特征，点击⊞（扫描）工具，选择草图为轮廓线，选择投影曲线为路径，设置如图 2 - 38 所示。

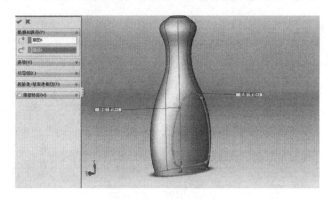

图 2 - 38　扫描实体

2.2.3　制作瓶口

绘制草图和拉伸凸台：绘制草图 5。点击瓶口底线，点击▣（转换实体引用）工具，绘制草图 5，如图 2 - 39 所示。

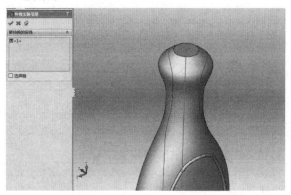

图 2 - 39　绘制瓶口草图 5

拉伸瓶口：选择特征，点击▣（拉伸凸台）工具，给定深度 0.625in，如图 2 - 40 所示。

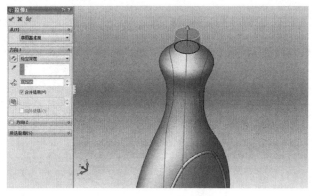

图 2 - 40　拉伸瓶口

2.2.4　制作瓶底

（1）分割线：分割线 1。选定前视基准面，点击 ◥ （绘制直线）工具，贯穿瓶身，距离瓶底 0.38mm，得到分割线草图，如图 2－41 所示。

选择特征，点击【插入】→【曲线】下的 ⬓ （分割曲线）工具，设置草图为要投影的草图、瓶身为要分割的面，分割曲面，如图 2－42 所示。

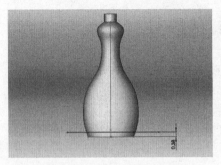

图 2－41　绘制分割线草图　　　　　　　图 2－42　绘制分割线

分割线 2。同理，分割瓶底面，如图 2－43 所示。

（2）倒圆角：点击 ⬓ （圆角）工具，选择面圆角，选中倒圆角面，如图 2－44 所示。

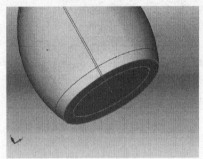
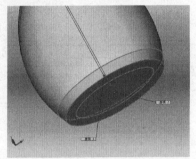

图 2－43　绘制底部分割线　　　　　　　图 2－44　面圆角

点击 ⬓ （圆角）工具，选择等半径倒圆角，半径为 0.06in，如图 2－45 所示。

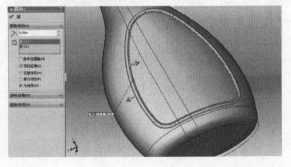

图 2－45　倒圆角

（3）抽壳：点击 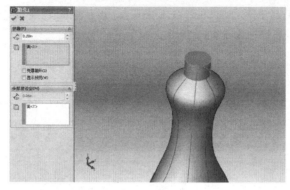（抽壳）工具，设置抽壳厚度为0.2in，如图2-46所示。

图2-46 抽壳瓶体

2.2.5 制作瓶口螺纹

（1）创建基准面：选择瓶口顶面，点击 （参考几何体）下的 （基准面）工具，设置等距距离为0.10in，创建基准面1，如图2-47所示。

图2-47 插入基准面1

（2）绘制螺旋线：选择基准面1，绘制一圆，得到草图，如图2-48所示。

图2-48 绘制草图

点击【插入】→【曲线】下的 ⊟（螺旋线）工具，选择恒定螺距，螺距为 0.15in，反向，圈数为 1.5，起始角度为 0.00°，顺时针，得到一条螺旋线，如图 2-49 所示。

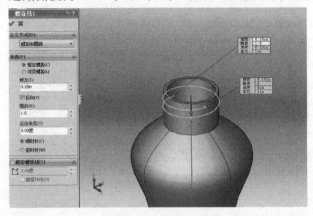

图 2-49　绘制螺旋线

（3）绘制扫描轮廓线和扫描：选定右视基准面，绘制草图，关系如图 2-50 所示。

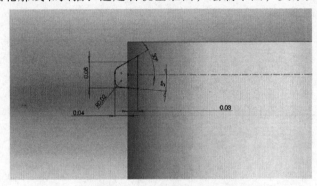

图 2-50　绘制扫描轮廓草图

扫描：选择特征，点击 ⊡（扫描）工具，选择上面绘制的草图为轮廓线，选择螺旋线为路径，方向随路径变化，选中【合并结果】选项，如图 2-51 所示。

图 2-51　扫描实体

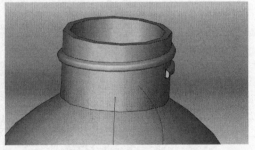

图 2-52　绘制草图

（4）绘制草图和旋转凸台：选择扫描端面，点击 ⊡（转换实体引用）工具，绘制草图，如图 2-52 所示。

选择特征，点击 ⊕ （旋转凸台）工具，设置为单向，角度为 90°，如图 2 - 53 所示。

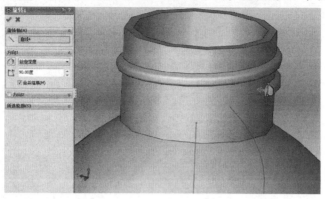

图 2 - 53　旋转扫描

同理，可建出旋转螺旋线的另一端。至此，瓶子的建模完成，如图 2 - 54 所示。

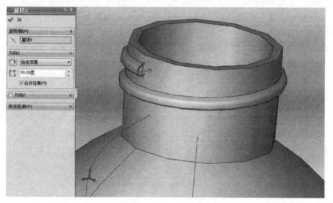

图 2 - 54　完成的建模

第3章 中级装配产品建模

概念草图

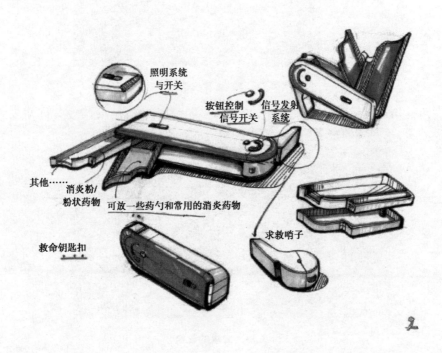

照明系统与开关

按钮控制信号开关 信号发射系统

其他……

消炎粉/粉状药物

可放一些药勺和常用的消炎药物

救命钥匙扣

求救哨子

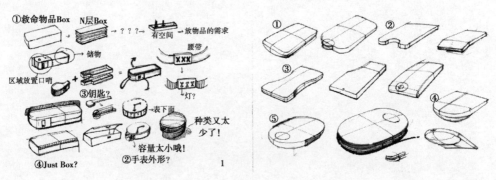

①救命物品Box N层Box → ？？？ → 有空间 → 放物品的需求

储物 腰带 XXX

区域放置口哨 + = 灯？

③钥匙？ 表下面 种类又太少了！

④Just Box? 容量太小哦！

②手表外形？

① ②

③ ④

⑤

1

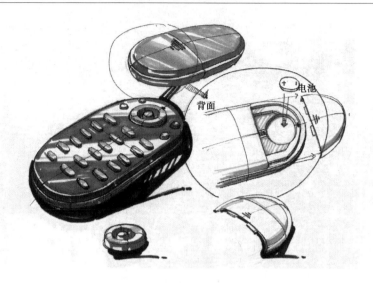

3.1　多功能钥匙扣建模

【思路分析】 如图 3 - 1 所示，这是多零件配合的实体建模，既然是配合，很多部件就是可以通用的。在建模之前把思路理清楚，预先将可以重复使用的零件保存，可以事半功倍。

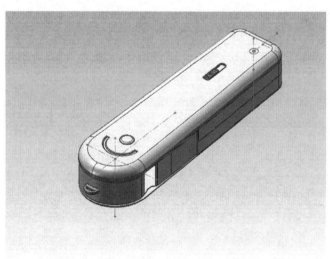

图 3 - 1　多功能钥匙扣模型

3.1.1　零件 1：外壳上

启动 SolidWorks 软件，在菜单处点击【文件】→【新建】，以新建一个零件文件，命名为"外壳上"，如图 3 - 2 所示。

（1）绘制草图：在前视基准面上新建草图，点击 ▦（中心线工具），水平画出一条中心线，设置长度为 90mm；在中心线一侧分别画出三条边线，设置左右两条平行线的长度分别为 12.5mm 和 10.5mm，如图 3 – 3 所示。

图 3 – 2　新建零件

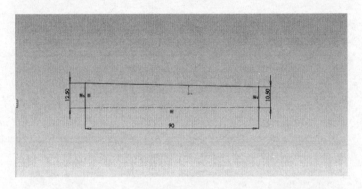

图 3 – 3　绘制草图

点击 █（镜像实体）工具，镜像已画出的三条边线；在选项一栏中，将要镜像的三条边线选作要镜像的实体，镜像点选择中心线，勾选"复制"选项，如图 3 – 4 所示；点击确定后，得到刀壳基本外型的草图。

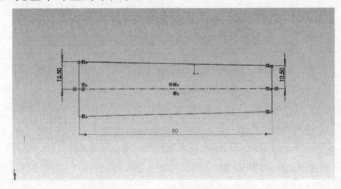

图 3 – 4　镜像草图

（2）拉伸凸台：点击 █（拉伸凸台）工具，拉伸出草图形状的凸体，凸体长度为

16mm，如图 3 - 5 所示。

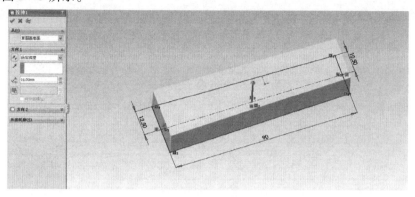

图 3 - 5　拉伸凸台

（3）倒圆角：点击 ⬜（圆角）工具，将较长一边的侧线进行倒圆角，设置半径为 12.5mm，如图 3 - 6 所示。

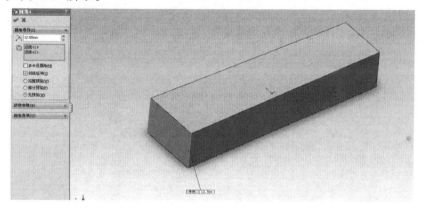

图 3 - 6　倒圆角

将较短一边的侧线进行倒圆角，如图 3 - 7 所示，设置半径为 5mm。

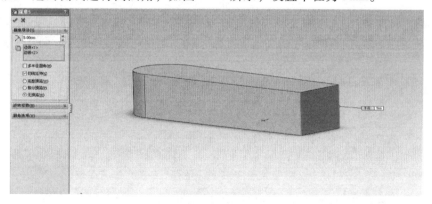

图 3 - 7　倒圆角

将上底面倒圆角，设置半径为 3mm，下底面倒圆角，设置半径为 1mm，得到模型如

图 3 – 8 所示。

提示：此时，可将得出的实体存储一备份，以备在做其他部分时使用。

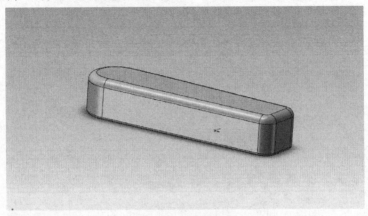

图 3 – 8　模型基体

（4）拉伸切除：将窗口调至下视图显示，以当前侧面为基准面绘制矩形草图，矩形的上线与壳体上面线的距离为 3.5mm，如图 3 – 9 所示。

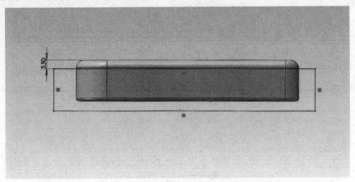

图 3 – 9　拉伸切除

点击 ▣（拉伸切除）工具，将壳体下部分切除，如图 3 – 10 所示。

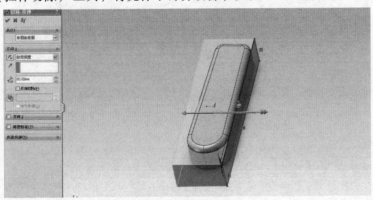

图 3 – 10　拉伸切除

（5）抽壳：点击▣（抽壳）工具，选取切除的面，设置壁厚为 0.5mm，确定后得出如图 3 – 11 所示的效果。

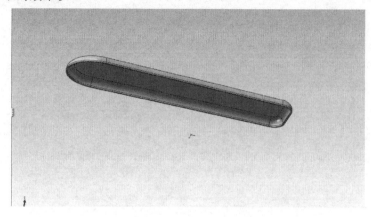

图 3 – 11　抽壳

（6）拉伸凸台：绘制草图，形状尺寸如图 3 – 12 所示。

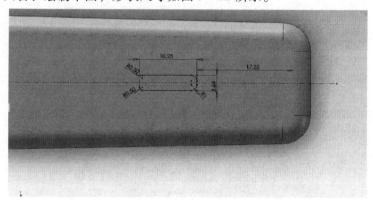

图 3 – 12　绘制草图

选择特征，点击▣（拉伸凸台）工具；方向 1，给定深度 2mm，方向 2，给定深度 0.1mm，如图 3 – 13 所示。

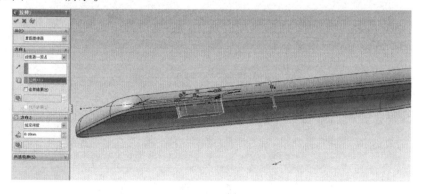

图 3 – 13　拉伸凸台

（7）拉伸切除：选取另一平面，在其上画出凹槽的草图，如图 3 – 14 所示。

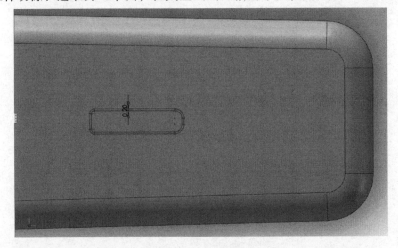

图 3 – 14　绘制草图

在抽壳内部进行拉伸切除，深度为 0.5mm，如图 3 – 15 所示。

图 3 – 15　拉伸切除

进行倒圆角，半径 0.1mm，得出上盖所需的槽体，如图 3 – 16 所示。

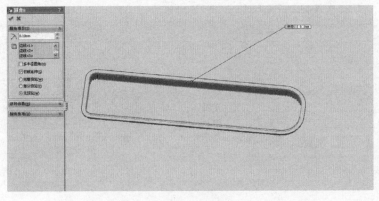

图 3 – 16　倒圆角

（8）拉伸凸台：绘制草图，如图 3 – 17 所示。

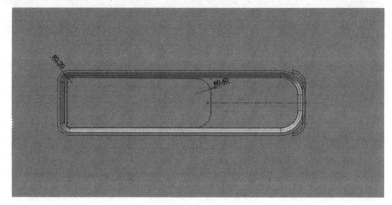

图 3 – 17　绘制草图

拉伸凸台，深度为 0.6mm；对上顶面倒圆角，半径为 0.1mm，如图 3 – 18 所示。

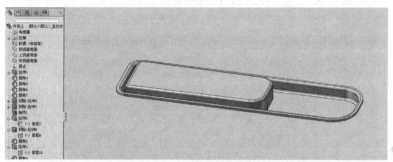

图 3 – 18　拉伸凸台

（9）拉伸切除和线性阵列：绘制草图，如图 3 – 19 所示。

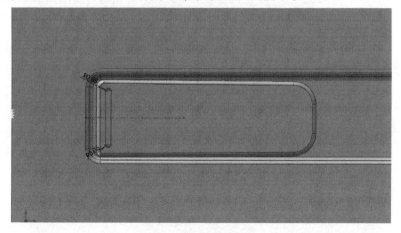

图 3 – 19　绘制草图

拉伸切除，深度为 0.05mm，并对外边线进行半径为 0.02mm 的倒圆角，如图 3 – 20 所示。

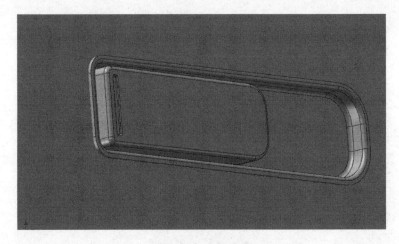

图 3 - 20　拉伸切除

点击 ▦（线性阵列）工具，以边线 1 为方向，间距 0.3mm，实例 18，阵列特征，如图 3 - 21 所示。

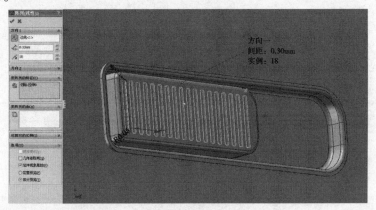

图 3 - 21　阵列特征

（10）拉伸凸台和拉伸切除：选择模型上表面，绘制草图，如图 3 - 22 所示。

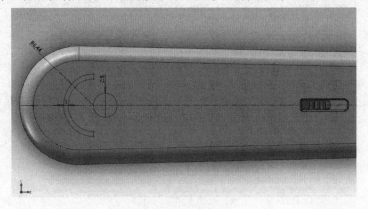

图 3 - 22　绘制草图

拉伸凸台，深度为 2mm，如图 3 - 23 所示。

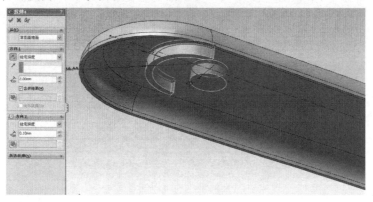

图 3 - 23　拉伸凸台

绘制跟前面一样的草图，拉伸切除，深度为 0.5mm，如图 3 - 24 所示。

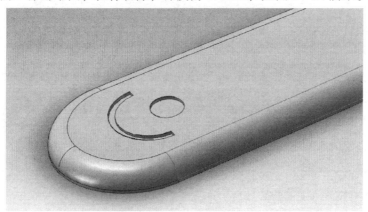

图 3 - 24　拉伸切除

（11）拉伸凸台和倒圆角：绘制草图，如图 3 - 25 所示。

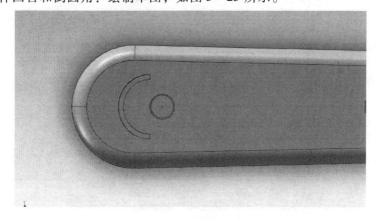

图 3 - 25　绘制草图

拉伸凸台，深度为 0.8mm，如图 3 - 26 所示。

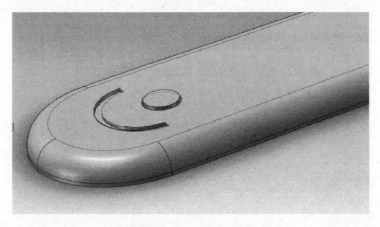

图 3 - 26　拉伸凸台

对上顶面倒圆角，半径为 0.5mm，对下底面倒圆角，半径为 0.2mm，结果如图 3 - 27 所示。

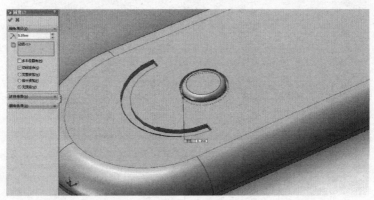

图 3 - 27　倒圆角

对边缘倒圆角，半径为 0.2mm，如图 3 - 28 所示。

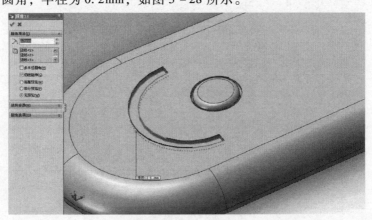

图 3 - 28　倒圆角

3.1.2　零件 2：外壳下

打开制作上壳时预存的外壳实体，选择模型侧面，绘制草图，如图 3 – 29 所示。

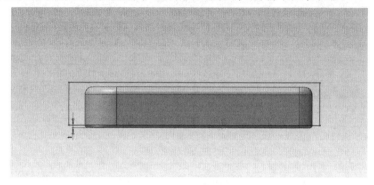

图 3 – 29　绘制草图

使用 ▣（拉伸切除）工具，给定深度贯穿切除实体，切除下壳，如图 3 – 30 所示。

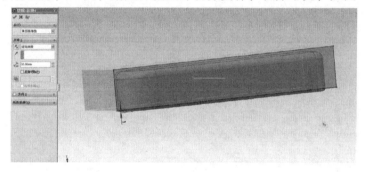

图 3 – 30　拉伸切除

3.1.3　零件 3：外壳 – 隔层

（1）拉伸切除：打开制作上壳时预存的外壳实体，如图 3 – 31 所示。

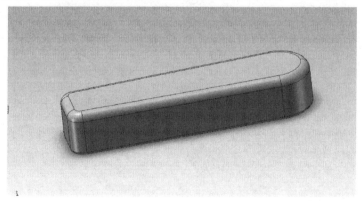

图 3 – 31　预存外壳

使用▣（拉伸切除）工具，切除上下部分，留出中间厚度为 0.5mm 的薄片作为小刀两层之间的隔板，如图 3 - 32 所示。

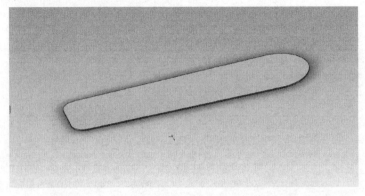

图 3 - 32　拉伸切除

（2）拉伸凸台：绘制草图，半径为 1.61mm，圆心距离较短的侧边 4.6mm，如图 3 - 33 所示。

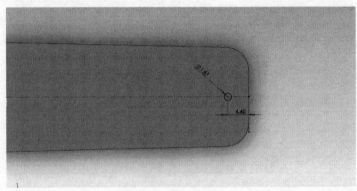

图 3 - 33　绘制草图

选择特征，点击▣（拉伸凸台）工具，给定深度 0.5mm，如图 3 - 34 所示。

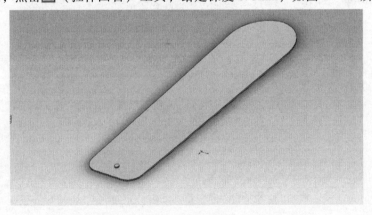

图 3 - 34　拉伸凸台

（3）拉伸切除：绘制草图，如图 3 – 35 所示。

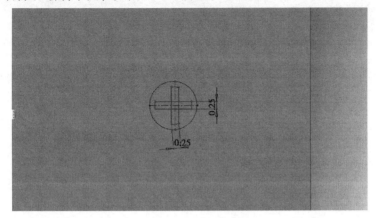

图 3 – 35　绘制草图

点击▣（拉伸切除）工具，给定深度 0.3mm，如图 3 – 36 所示。

图 3 – 36　拉伸切除

对上顶面倒圆角，半径为 0.1mm，如图 3 – 37 所示。

图 3 – 37　倒圆角

（4）制作螺纹：另一面做得略细些，半径为 0.82mm，如图 3 – 38 所示草图。

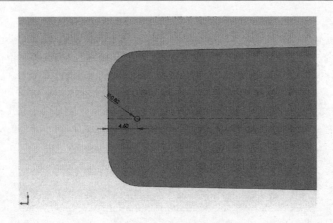

图 3 – 38　绘制草图

长为 1.5mm 的凸体，作为螺钉的基本体，如图 3 – 39 所示。

在螺钉的钉基所在面上画一个与螺钉直径相同的圆，如图 3 – 40 所示。

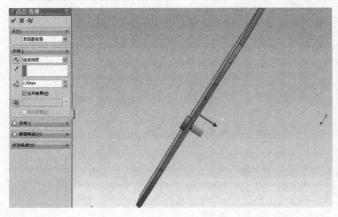

图 3 – 39　拉伸凸台　　　　　　　　　　　图 3 – 40　绘制圆

然后点击 图（螺旋线）工具，恒定螺距 0.3mm，勾选"反向"选项，圈数 3，起始角度 135°，顺时针，如图 3 – 41 所示。

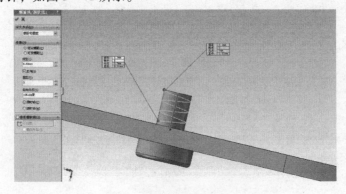

图 3 – 41　绘制螺旋线

绘制基准面 1：点击螺旋线的一个端点为参照点，插入基准面，如图 3 - 42 所示。

图 3 - 42　插入基准面 1

图 3 - 43　绘制圆

在所作的基准面上，以螺旋线端点为圆心画圆，制作草图，半径为 0.1mm，如图 3 - 43 所示。

点击 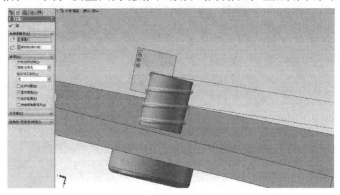（扫描）工具，设置圆为轮廓、螺旋线为路径，生成螺纹，如图 3 - 44 所示。

图 3 - 44　扫描实体

3.1.4　零件 4：哨子

（1）拉伸切除：打开制作上壳时预存的外壳实体，如图 3 - 45 所示。

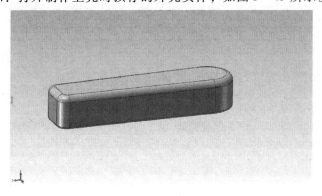

图 3 - 45　预存外壳

使用 (拉伸切除) 工具，切除上下弧部，反向切除，留出中间厚为 10mm 的实体，如图 3 - 46 所示。

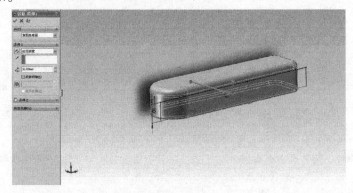

图 3 - 46　切除实体

绘制草图，如图 3 - 47 所示。

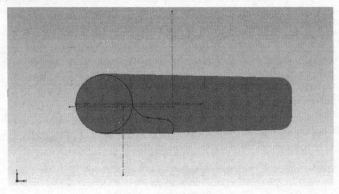

图 3 - 47　绘制草图

使用 (拉伸切除) 工具，勾选反向切除，留出刚才绘制的草图部分的实体，如图 3 - 48所示。

图 3 - 48　拉伸切除

（2）抽壳：点取哨口的弧面，点击 (抽壳) 工具，进行抽壳，壁厚为 0.5mm，如图3 - 49所示。

（3）拉伸切除：以侧面为基准面，绘制草图，如图 3-50 所示。

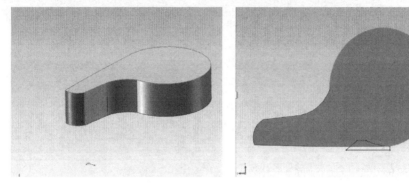

图 3-49　抽壳　　　　　　　　　图 3-50　绘制草图

使用▣（拉伸切除）工具，切出哨孔，如图 3-51 所示。

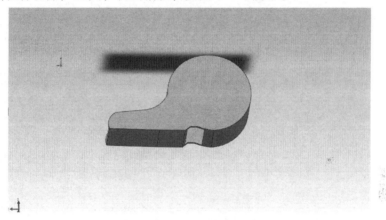

图 3-51　拉伸切除

（4）制作基准面 2：在哨子横截面中间做一个基准面 2，如图 3-52 所示。

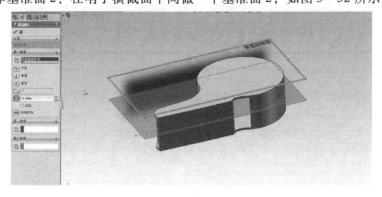

图 3-52　插入基准面 2

（5）拉伸凸台、拉伸切除和倒圆角：以所做的基准面为基准平面在哨头做出哨子的环，绘制草图，如图 3-53 所示。

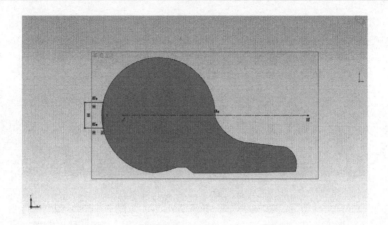

图 3 - 53　绘制草图

拉伸凸台，深度为 1.5mm，如图 3 - 54 所示。

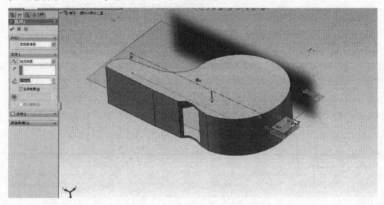

图 3 - 54　拉伸凸台

使用 ▣（拉伸切除）工具，切出形状，如图 3 - 55 所示。

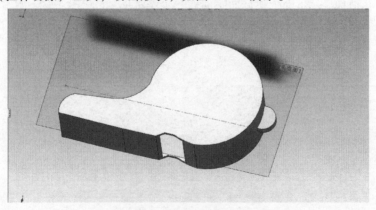

图 3 - 55　拉伸切除

同上，切出形状，如图 3 - 56 所示。

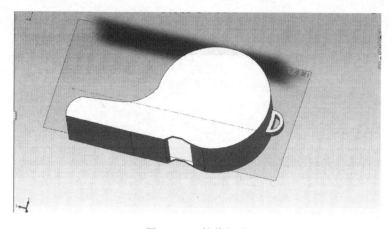

图 3-56　拉伸切除

选定基准面1，通过哨子侧面两条中心线交叉得出哨头侧面的圆心，绘制草图中所示圆，如图3-57所示。

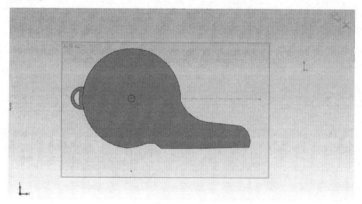

图 3-57　绘制草图

选择特征，点击 🔲（拉伸凸台）工具；方向1，给定深度6.5mm，方向2，给定深度5mm，如图3-58所示。

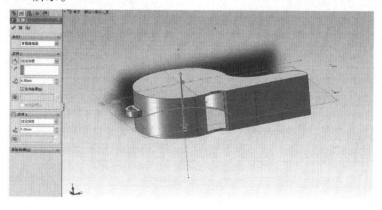

图 3-58　拉伸凸台

选定主要边线，倒圆角，半径为 0.5mm，如图 3 - 59 所示。

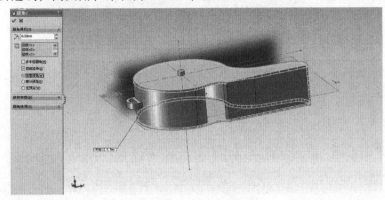

图 3 - 59 倒圆角

选定哨子的环的主要边线，倒圆角，半径为 0.5mm，如图 3 - 60 所示。

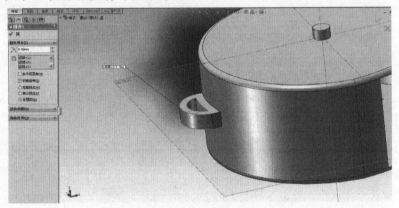

图 3 - 60 倒圆角

选定哨孔主要边线，倒圆角，半径为 0.5mm，如图 3 - 61 所示。

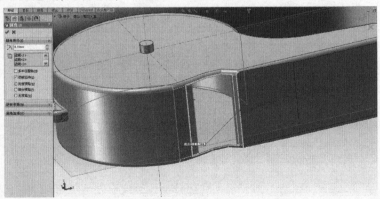

图 3 - 61 倒圆角

3.1.5　零件 5：内层 1

（1）拉伸切除：类似哨子第一步的拉伸切除，得到草图，如图 3 - 62 所示。

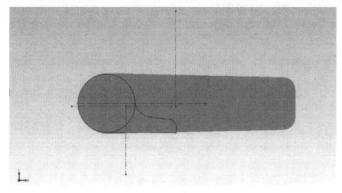

图 3 - 62　绘制草图

使用 (拉伸切除) 工具，切除，留出刚才绘制的草图部分的实体，如图 3 - 63 所示。

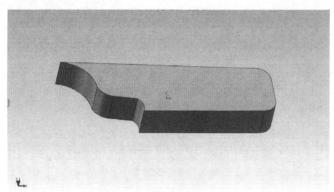

图 3 - 63　拉伸切除

绘制草图，如图 3 - 64 所示。

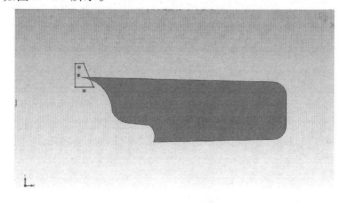

图 3 - 64　绘制草图

拉伸切除模型，如图 3 – 65 所示。

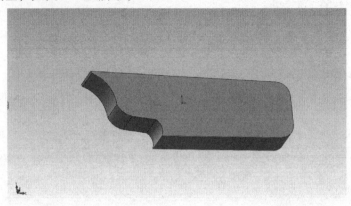

图 3 – 65　拉伸切除

继续使用▣（拉伸切除）工具，将上面的实体切除一半，得到如图 3 – 66 所示结果。

图 3 – 66　拉伸切除

（2）抽壳和倒圆角：使用▣（抽壳）工具，抽壳形成内腔，壁厚为 1.00mm，如图 3 – 67所示。

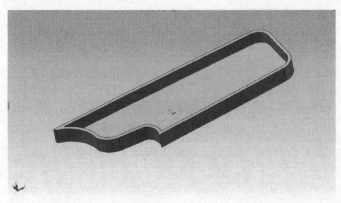

图 3 – 67　抽壳

倒圆角，选定边线，半径为 0.3mm，如图 3 - 68 所示。

提示：此时，可将得出的实体存储一个备份，以备在做第二层时使用。

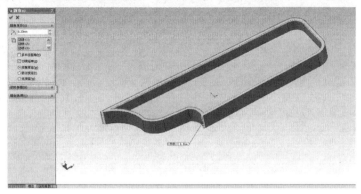

图 3 - 68　倒圆角

（3）制作基准面：以右视基准面为标准面插入一个基准面，距离右视基准面 37mm，注意方向，如图 3 - 69 所示。

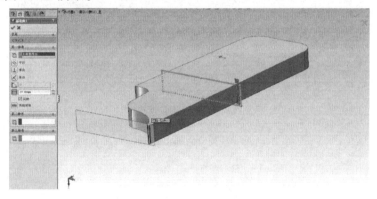

图 3 - 69　插入基准面 1

（4）拉伸切除：在新建基准面上绘制草图，如图 3 - 70 所示。

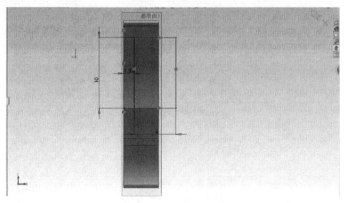

图 3 - 70　绘制草图

使用▣（拉伸切除）工具，得到形状，如图 3 – 71 所示。

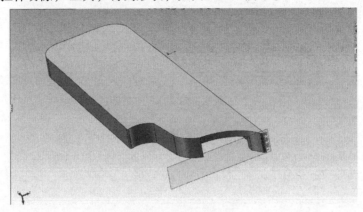

图 3 – 71 拉伸切除

倒圆角，选定边线，半径为 0.2mm，如图 3 – 72 所示。

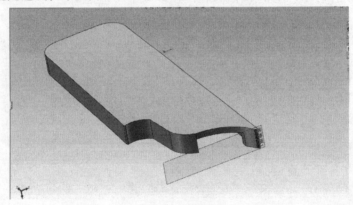

图 3 – 72 倒圆角

绘制草图，如图 3 – 73 所示。

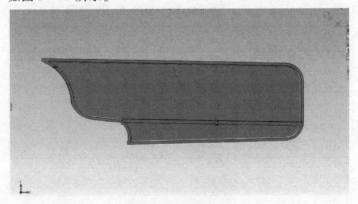

图 3 – 73 绘制草图

使用▣（拉伸切除）工具，得到形状，如图 3 – 74 所示。

提示：此时，可将得出的实体存储一备份，以备在做盖子零件时使用。

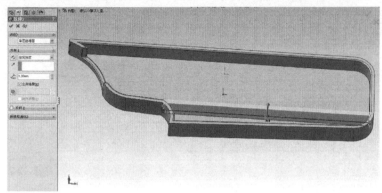

图 3 - 74　拉伸凸台

绘制草图，如图 3 - 75 所示。

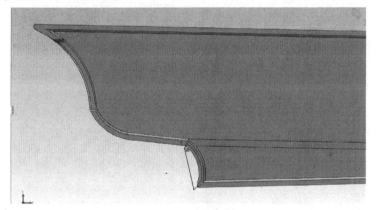

图 3 - 75　绘制草图

使用（拉伸切除）工具，选择贯穿，如图 3 - 76 所示。

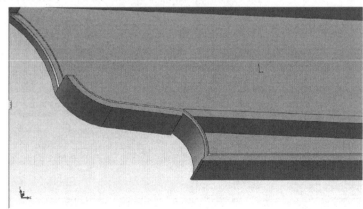

图 3 - 76　拉伸切除

（5）制作基准面 2：以右视基准面为标准面插入一个基准面 2，距离右视基准面

15mm，如图 3 - 77 所示。

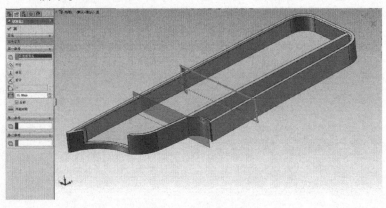

图 3 - 77　插入基准面 2

（6）拉伸切除和线性阵列：绘制草图，点击 ⊚（圆）工具，半径为 0.5mm，如图 3 - 78所示。

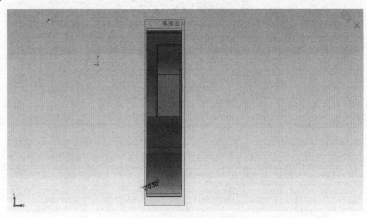

图 3 - 78　绘制草图

使用 ▣（拉伸切除）工具，结果如图 3 - 79 所示。

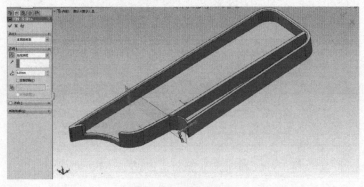

图 3 - 79　拉伸切除

绘制草图，与边缘重合，作为阵列方向的参考线，如图 3 - 80 所示。

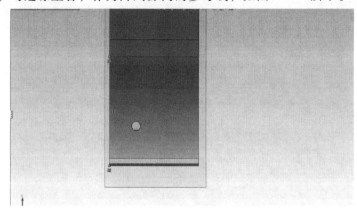

图 3 - 80　绘制草图

点击 ▦ （线性阵列）工具，选取所作参考线和壳体的边线作为方向线，阵列出 4 × 4 的孔，如图 3 - 81 所示。

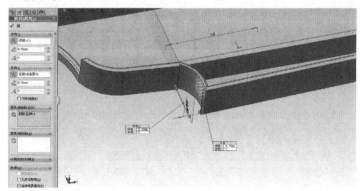

图 3 - 81　线性阵列

绘制草图，如图 3 - 82 所示。

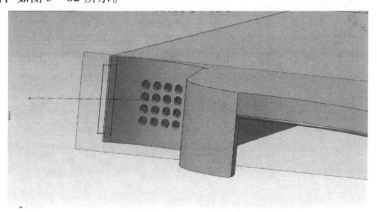

图 3 - 82　绘制草图

使用▣（拉伸切除）工具，结果如图 3 – 83 所示。

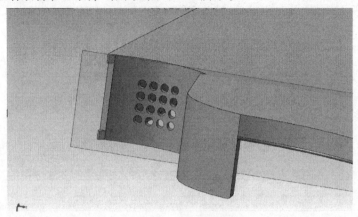

图 3 – 83　拉伸切除

绘制草图，半径为 0.1mm，如图 3 – 84 所示。

图 3 – 84　绘制草图

使用▣（拉伸切除）工具，贯穿，结果如图 3 – 85 所示。

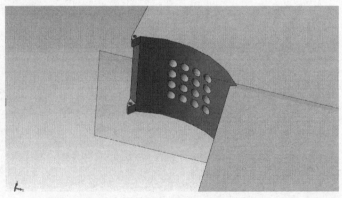

图 3 – 85　拉伸切除

倒圆角，选定边线，半径为 0.2mm，如图 3-86 所示。

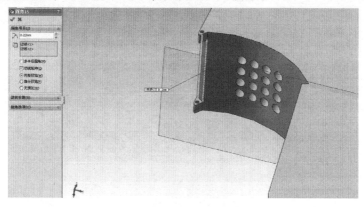

图 3-86　倒圆角

3.1.6　零件 6：内二层

打开制作零件 5（内一层）时保存的实体，如图 3-87 所示。

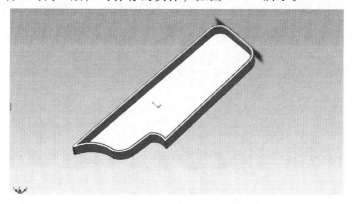

图 3-87　保存实体模型

（1）制作基准面 3：以上视基准面为标准面插入一基准面 3，让基准面处在中间位置，如图 3-88 所示。

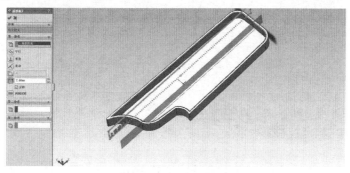

图 3-88　插入基准面 3

（2）拉伸凸台：在刚刚制作的基准面上点击 ▦（中心线）工具，绘制中心线，如

图 3 – 89 所示。

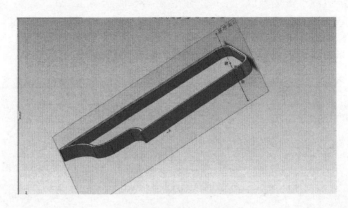

图 3 – 89　绘制中心线

以腔体内平面为基准面、中心线为圆心，制作直径为 2.87mm 的圆，如图 3 – 90 所示。

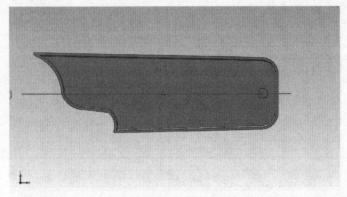

图 3 – 90　绘制草图

点击 🔲 （拉伸凸台）工具，拉伸出草图形状的凸体，凸体长度为 10mm，如图 3 – 91 所示。

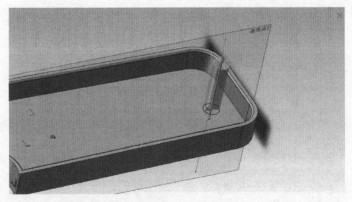

图 3 – 91　拉伸凸台

（3）拉伸切除：以刚刚拉伸凸台的顶面为基准面，点击 ◎ （圆）工具，画一圆形草图，直径为 1mm，如图 3 – 92 所示。

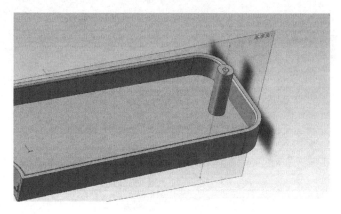

图 3 - 92　绘制草图

点击 ▣ (拉伸切除) 工具，选择其拉伸方向为给定深度，深度为 3mm，将实体切槽，如图 3 - 93 所示。

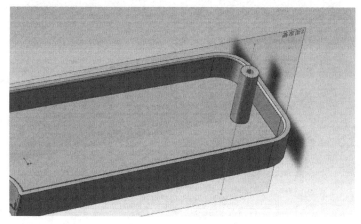

图 3 - 93　拉伸切除

（4）螺纹：使用 ▧ (螺旋线) 工具，在槽内生成螺旋线；恒定螺距 0.4mm，反向，圈数 2.75，起始角度 135°，顺时针，如图 3 - 94 所示。

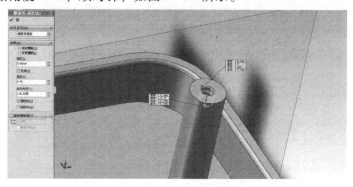

图 3 - 94　绘制螺旋线

并以其中一个端点为参照点插入基准面 4，如图 3 - 95 所示。

图 3 - 95　插入基准面 4

在基准面上，以端点为圆心画直径为 0.1mm 的圆，如图 3 - 96 所示。

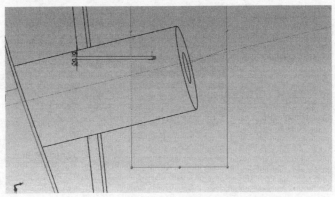

图 3 - 96　绘制圆

以圆为轮廓，进行扫描切除；以螺旋线为路径在槽内生成螺纹，如图 3 - 97 所示。

图 3 - 97　扫描切除实体

3.1.7　零件 7：小盖子

打开制作零件 5（内一层）时保存的实体，如图 3 - 98 所示。

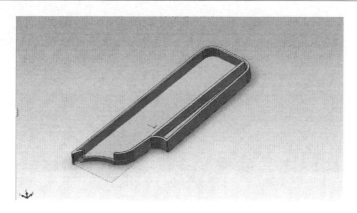

图 3 - 98 实体模型

使用 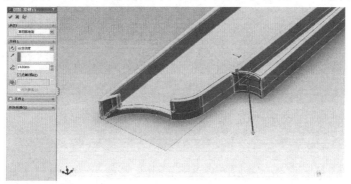（拉伸切除）工具，反侧切除，勾选"反向"，如图 3 - 99 所示。

图 3 - 99 反侧切除

得到零件 7 盖子，如图 3 - 100 所示。

图 3 - 100 盖子

3.1.8 零件 8：轴承

在菜单处点击【文件】→【新建】，新建一个文件；选定前视基准面，绘制草图，直径为 0.26mm，如图 3 - 101 所示。

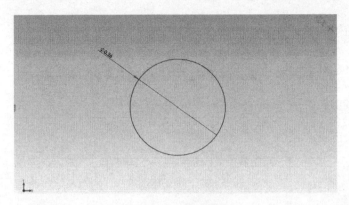

图 3 - 101　绘制草图

拉伸凸台：点击 📇 （拉伸凸台）工具，拉伸出草图形状的凸体，凸体长度为 4.5mm，如图 3 - 102 所示。

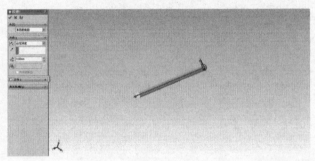

图 3 - 102　拉伸凸台

3.1.9　装配

将各个零件完成后，新建一个装配体，将各个零件进行装配。

先插入上隔板，以此作为参考物，再选择上盖插入，如图 3 - 103 所示。

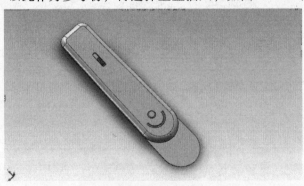

图 3 - 103　装配零件

点击 📎 （配合）工具，选取要合并的两个面使两个零件能够完全合并；选取两个零件中在一个面上的部分，以使其对齐，如图 3 - 104 所示。

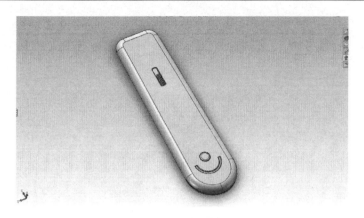

图 3 – 104　配合模型

点击 ▨（配合）工具，将哨子零件组装，如图 3 – 105 所示。

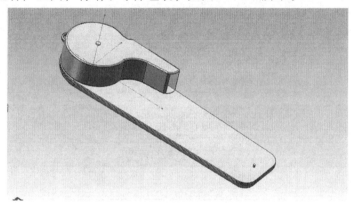

图 3 – 105　配合哨子零件

类似地，将内一层零件组装，如图 3 – 106 所示。

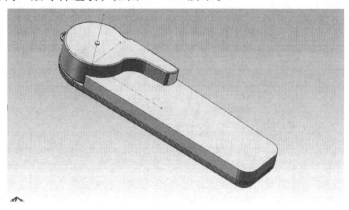

图 3 – 106　装配零件

内二层零件组装，如图 3 – 107 所示。

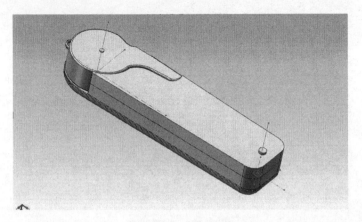

图 3 – 107　装配零件

组装下盖零件，如图 3 – 108 所示。

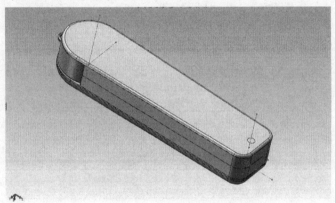

图 3 – 108　装配下盖零件

组装小盖子零件，如图 3 – 109 所示。

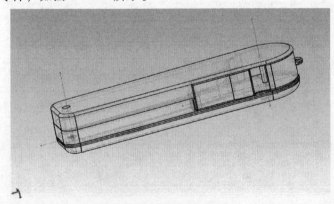

图 3 – 109　装配小盖子零件

组装轴承零件，最终产品完成结果如图 3 – 110 所示。

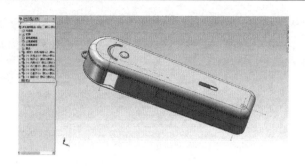

图 3 – 110　最终装配体

3.2　遥控器建模

【思路分析】如图 3 – 111 所示，这个遥控器是左右对称的，很多地方可以考虑用镜像的办法制作。与案例 3 多功能钥匙扣一样，很多零件的某些部分是可以通用的。

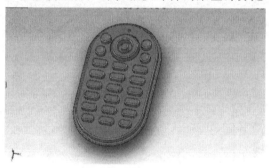

图 3 – 111　遥控器模型

3.2.1　零件 1：上盖

（1）绘制草图：选定上视基准面，正视于工作视窗，点击 ▣ （中心线）工具；在上视基准面上绘制两条垂直相交的中心线，相交点为原点。

在中心线上任意一点，利用 ▣ （圆心起/起/终点画弧）工具，画半径为 2.35mm 的半圆，如图 3 – 112 所示。

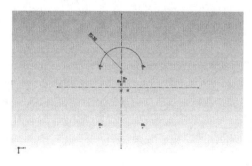

图 3 – 112　绘制圆弧

点击 🔲 （镜像实体）工具，镜像已画出的半圆；在选项一栏中，将要镜像的半圆线选作要镜像的实体，镜像点选择中心线，勾选"复制"选项，得出要的线，如图 3 – 113 所示。

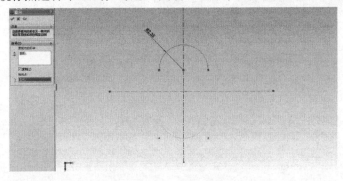

图 3 – 113　镜像圆弧

点击 🔲 （直线）工具，连接两个半圆，如图 3 – 114 所示。

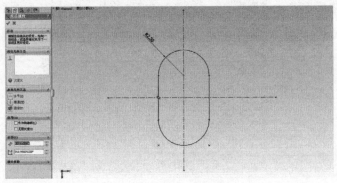

图 3 – 114　绘制直线

点击智能尺寸，把连接半圆的竖线尺寸改为 4mm，如图 3 – 115 所示。

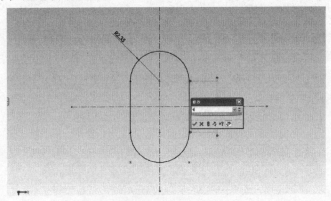

图 3 – 115　标注尺寸

得出所要绘制的草图，如图 3 – 116 所示。

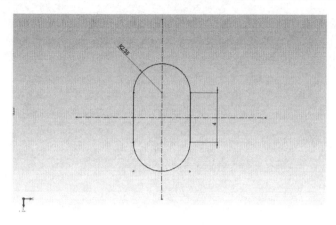

图 3 – 116　草图

（2）拉伸凸台：点击 ▣（拉伸凸台）工具，拉伸出草图形状的凸体，凸体长度为 0.4mm，如图 3 – 117 所示。

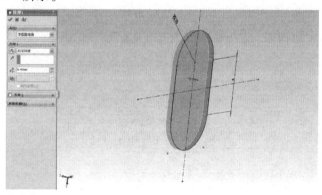

图 3 – 117　拉伸凸台

（3）绘制草图：按照图 3 – 116 所示草图的绘制方法绘制一个与它同心的半圆，半径为 2.55mm 的线框，如图 3 – 118 所示。

（4）拉伸凸台：点击 ▣（拉伸凸台）工具，拉伸出草图形状的凸体，凸体长度为 0.2mm，如图 3 – 119 所示。

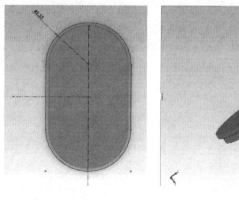

图 3 – 118　绘制草图

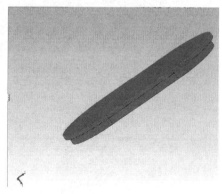

图 3 – 119　拉伸凸台

（5）转换引用实体：以模型上部面为基准面画出中心线。选中椭圆面，再点击▣（转换引用实体）工具，得出草图在上部基本面，如图3－120所示。

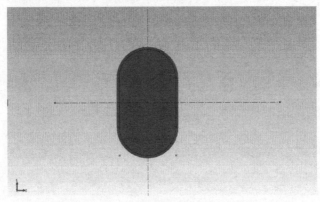

图 3 － 120　转换引用实体

（6）插入基准面1：点击参考几何体，再点击◈（基准面）工具。在左边的属性栏里选择前视基准面，等距距离2mm，得出所要的基准面1，如图3－121所示。

图 3 － 121　插入基准面 1

（7）绘制草图：以基准面1为基准画草图，如图3－122所示。
提示：用样条曲线工具画出一半的曲线，镜像另一半即可。

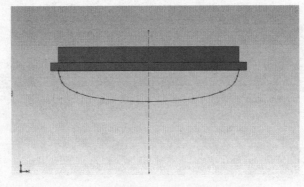

图 3 － 122　绘制草图

（8）拉伸凸台：点击 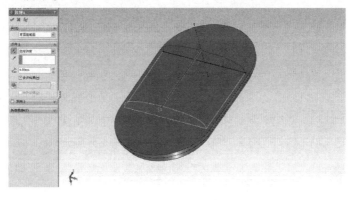（拉伸凸台）工具，拉伸出草图形状的凸体，凸体长度为 4mm，如图 3 – 123 所示。

图 3 – 123　拉伸凸台

（9）绘制草图：选择模型端面为基准面，转换实体，绘制一半线框，如图 3 – 124 所示。

图 3 – 124　绘制草图

（10）旋转凸台：点击 （旋转凸台）工具，旋转 180°，如图 3 – 125 所示。

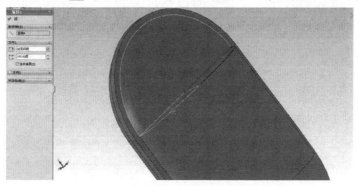

图 3 – 125　旋转凸台

（11）镜像实体：以前视图为基准面点击▣（镜像）工具，得出下部半圆体，如图 3 – 126 所示。

提示：可以另存为一个基体文件，后面制作可重复用到。

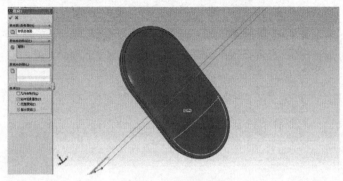

图 3 – 126　镜像实体

（12）绘制草图：选择错层的上顶面为基准面绘制直线，如图 3 – 127 所示。

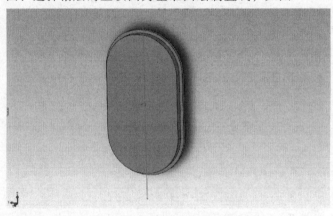

图 3 – 127　绘制草图

（13）拉伸切除：点击▣（拉伸切除）工具，点选左侧属性栏，从草图基准面 – 方向 1 点选完全贯穿，勾选反侧切除，如图 3 – 128 所示。

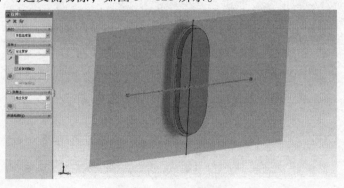

图 3 – 128　拉伸切除

（14）抽壳：点击🔲（抽壳）工具，选择面 1，抽壳深度为 0.2mm，如图 3 – 129 所示。

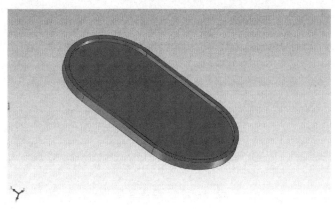

图 3 – 129 抽壳

（15）绘制草图：以内部面为基准面，绘制如图所示尺寸关系的操作面板，如图 3 – 130 所示。

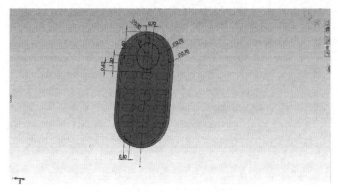

图 3 – 130 绘制草图

（16）拉伸切除：点击🔲（拉伸切除）工具，镂空操作键，如图 3 – 131 所示。

图 3 – 131 拉伸切除

（17）绘制草图：绘制草图，如图 3 – 132 所示。

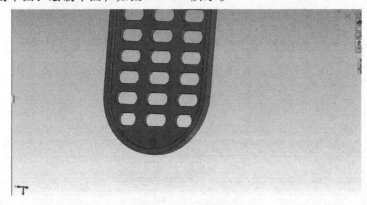

图 3 – 132　绘制草图

（18）拉伸凸台：点击🖼（拉伸凸台）工具，拉伸出凸体，凸体长度为 4mm，如图 3 – 133 所示。

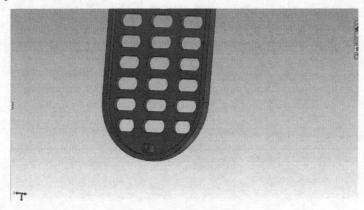

图 3 – 133　拉伸凸台

（19）绘制草图：绘制草图，间距为 0.09mm，如图 3 – 134 所示。

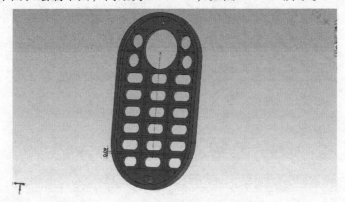

图 3 – 134　绘制草图

（20）拉伸凸台：点击🖼（拉伸凸台）工具，拉伸出草图形状的凸体，凸体长度为

0.15mm，如图 3 – 135 所示。软件使用熟练后可以采取筋特征的形式完成。

图 3 – 135　拉伸筋

（21）绘制草图：绘制如图 3 – 136 所示草图。

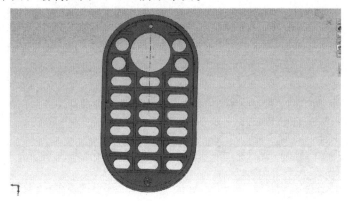

图 3 – 136　绘制草图

（22）拉伸凸台：点击 （拉伸凸台）工具，拉伸出草图形状的凸体，凸体长度为 0.4mm，如图 3 – 137 所示。

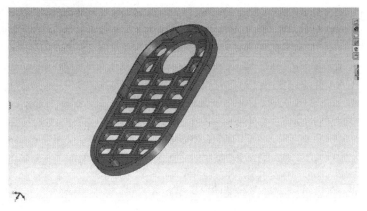

图 3 – 137　拉伸凸台

（23）绘制草图：绘制如图 3 – 138 所示草图，以侧边为基准面。

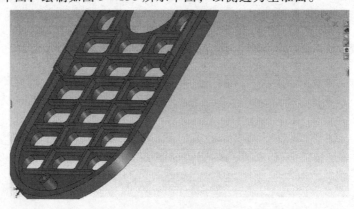

图 3 – 138　绘制草图

（24）拉伸切除：点击▣（拉伸切除）工具，深度为 0.08mm，如图 3 – 139 所示。

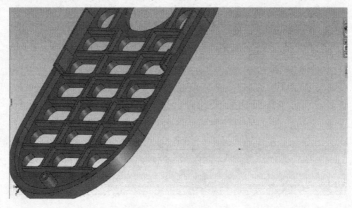

图 3 – 139　拉伸切除

（25）镜像特征：以右视图为基准面点击▣（镜像）工具。把上步做的拉伸特征镜像，如图 3 – 140 所示。

提示：对称性的造型将原点定义在中间以便充分利用三个基准面。

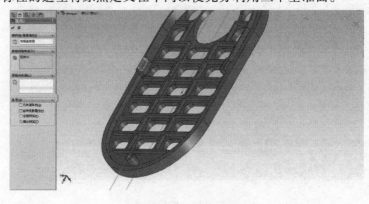

图 3 – 140　镜像特征

（26）倒圆角：点击 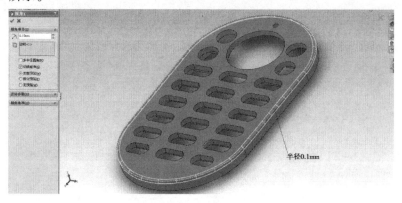（圆角）工具，进行倒圆角；勾选切线延伸，弧度为 0.1mm，如图 3 – 141 所示。

图 3 – 141　倒圆角

同上步，弧度为 0.02mm，如图 3 – 142 所示。

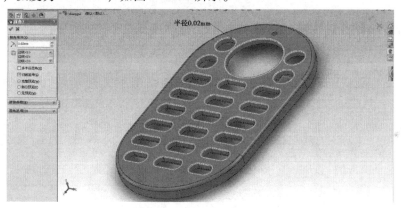

图 3 – 142　倒圆角

最后，上盖零件效果如图 3 – 143 所示。

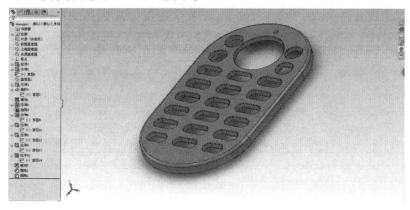

图 3 – 143　上盖零件

3.2.2　零件2：按键

（1）绘制草图：按照上个零件上盖的绘制方法，绘制按键面板草图。尺寸如图3－144所示。

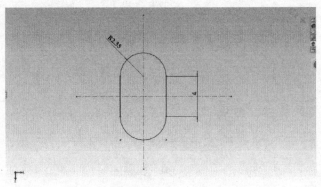

图3－144　绘制草图

（2）拉伸凸台：点击 ⬚ （拉伸凸台）工具，拉伸出草图形状的凸体，凸体长度为0.1mm，如图3－145所示。

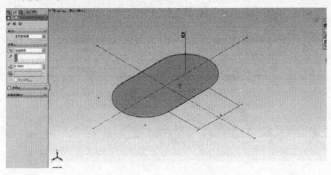

图3－145　拉伸凸台

（3）绘制草图：以图3－146所示面为基准面，绘制如图所示尺寸关系的草图。

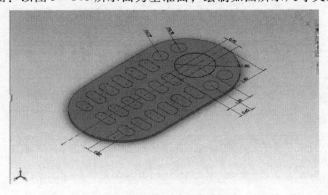

图3－146　绘制草图

（4）拉伸凸台：点击▣（拉伸凸台）工具，拉伸出草图形状的凸体，凸体长度为 0.6mm，如图 3 – 147 所示。

图 3 – 147　拉伸凸台

（5）绘制草图：以圆柱顶面为基准面绘制如图 3 – 148 所示尺寸关系的草图。

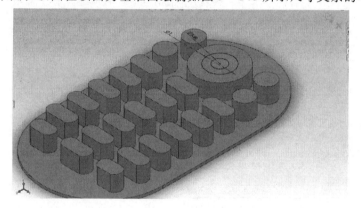

图 3 – 148　绘制草图

（6）拉伸切除：点击▣（拉伸切除）工具，深度为 0.6mm，如图 3 – 149 所示。

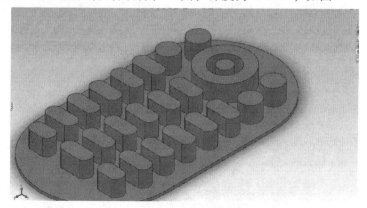

图 3 – 149　拉伸切除

（7）倒圆角：点击 ⬚（圆角）工具，勾选切线延伸，弧度为 0.08mm，如图 3 – 150 所示。

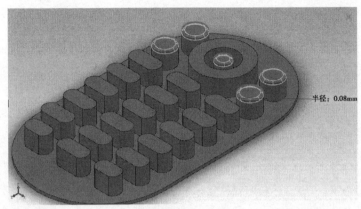

图 3 – 150　倒圆角

按照同样的方法把其余按键倒角，弧度为 0.08mm，如图 3 – 151 所示。

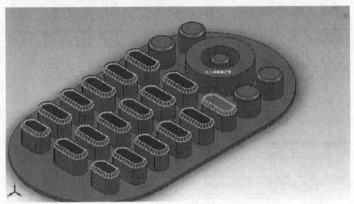

图 3 – 151　倒圆角

（8）圆顶：点击 ⬚（圆顶）工具，点选如图 3 – 152 所示的四个面，圆弧度为 0.04mm。

图 3 – 152　圆顶

（9）倒圆角：点击 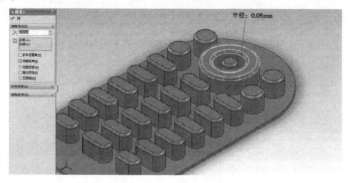 （圆角）工具，进行倒圆角；勾选切线延伸，弧度为 0.08mm，如图 3 – 153 所示。

图 3 – 153　倒圆角

（10）绘制草图：根据上盖制作的第 17 步，同步两个零件的配合来结合图 3 – 154 所示画出草图。

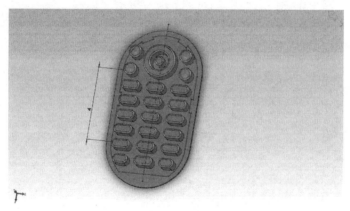

图 3 – 154　绘制草图

（11）拉伸切除：点击 （拉伸切除）工具，切掉边缘，如图 3 – 155 所示。

图 3 – 155　拉伸切除

3.2.3　零件3：电板

（1）绘制草图：在上视基准面上绘制如图3－156所示尺寸关系草图。

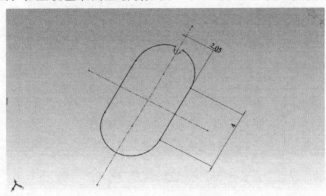

图3－156　绘制草图

（2）拉伸凸台：点击 📇 （拉伸凸台）工具，拉伸出草图形状的凸体，凸体长度为0.1mm，如图3－157所示。

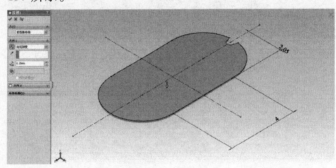

图3－157　拉伸凸台

（3）绘制草图：以右视图为基准面，用直线工具画如图3－158所示图形。

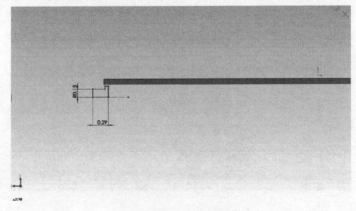

图3－158　绘制草图

（4）旋转凸台：选中上步所画草图，点击 ⊕（旋转凸台）工具，旋转 360°，如图 3 – 159 所示。

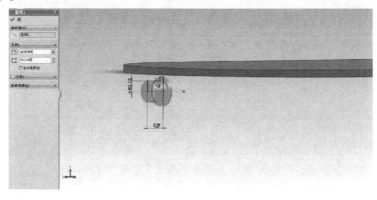

图 3 – 159　旋转凸台

（5）圆顶：点击 ▢（圆顶）工具，点选如图 3 – 160 所示面，圆弧度为 0.15mm 。

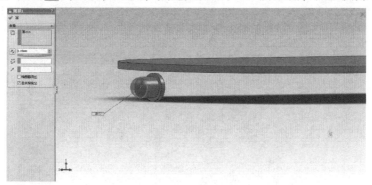

图 3 – 160　圆顶

（6）3D 草图绘制：点击 ☑（3D 草图）工具，按 Alt 键来改变轴向；拐角用圆角工具，半径为 0.05mm，如图 3 – 161 所示。

图 3 – 161　绘制 3D 草图

（7）绘制草图：以圆底为基准面，用圆工具绘制如图 3 - 162 所示草图。

图 3 - 162　绘制草图

（8）扫描：点击 ⬚（扫描）工具，选轮廓为圆形草图，路径为 3D 草图，如图 3 - 163 所示。

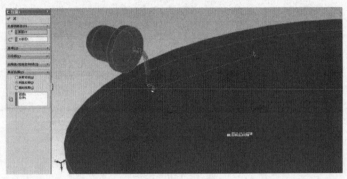

图 3 - 163　扫描

（9）镜像实体：以右视图为基准面点击 ⬚（镜像）工具，镜像实体，如图 3 - 164 所示。

图 3 - 164　镜像实体

（10）电板零件最终如图 3 – 165 所示。

图 3 – 165 电板零件

3.2.4 零件 4：后盖

（1）图示零件和上盖前期零件绘制方法一样，尺寸也一样，如图 3 – 166 所示。
提示：可以把前面保存的上盖提出来，进行后盖制作。

图 3 – 166 基体零件

（2）绘制草图：选择错层的上顶面为基准面绘制直线，如图 3 – 167 所示。

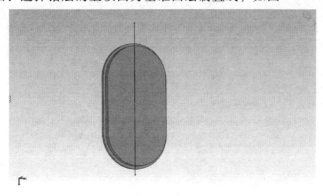

图 3 – 167 绘制草图

（3）拉伸切除：点击（拉伸切除）工具，点选左侧属性栏，从草图基准面－方向1点选完全贯穿，如图3－168所示。提示：另存为一个，为后面做电池后盖做准备。

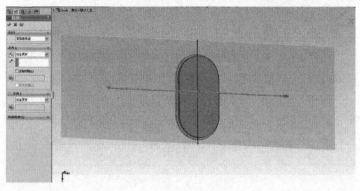

图3－168　拉伸切除

（4）抽壳：点击（抽壳）工具，数据为0.2mm，点选平面，如图3－169所示。

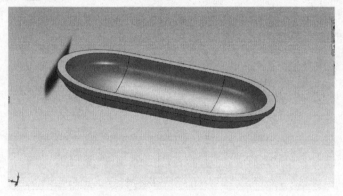

图3－169　抽壳

（5）转换引用实体：如图3－170所示，选上虚线，再点击（转换引用实体）工具，得出草图。

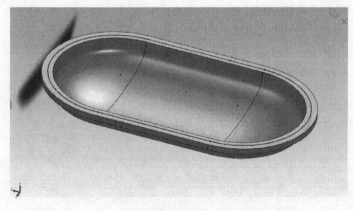

图3－170　转换引用实体

（6）拉伸切除：点击▣（拉伸切除）工具，给定深度 0.05mm，结果如图 3 – 171 所示。

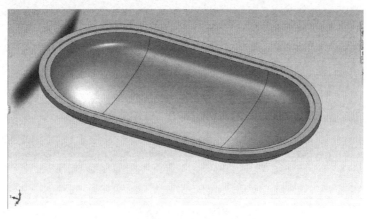

图 3 – 171　拉伸切除

（7）绘制草图：画出距离原点 0.8mm 的直线，如图 3 – 172 所示。

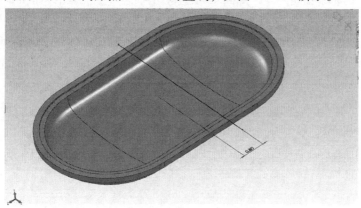

图 3 – 172　绘制草图

（8）分割实体：点击▣（分割）工具，选上裁剪工具如图 3 – 173 所示，点选实体。

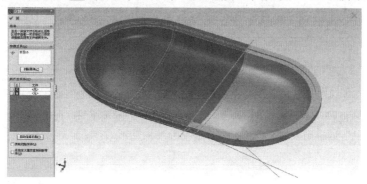

图 3 – 173　分割实体

（9）抽壳：点击▣（抽壳）工具，数据为 0.15mm，结果如图 3 –174 所示。

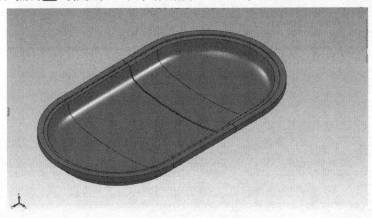

图 3 –174　抽壳

（10）插入基准面 2：点击参考几何体，再点击▧（基准面）工具。在左边的属性栏里选择上面所做的基准面 1，等距距离 4mm，得出所要的基准面 2，如图 3 –175 所示。

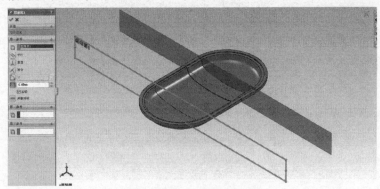

图 3 –175　插入基准面 2

（11）绘制草图：在上步的基准面上绘制如图 3 –176 所示等距线。

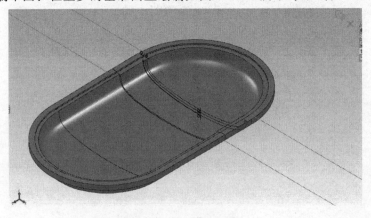

图 3 –176　绘制草图

（12）拉伸切除：点击▣（拉伸切除）工具，给定深度 1mm，如图 3 – 177 所示。

图 3 – 177　拉伸切除

（13）绘制草图：在上一步的基准面 2 上绘制如图 3 – 178 所示草图。

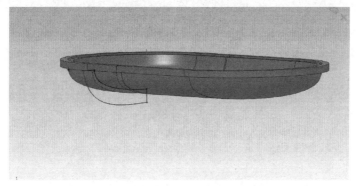

图 3 – 178　绘制草图

（14）旋转切除：点击▣（旋转切除）工具，切除，结果如图 3 – 179 所示。

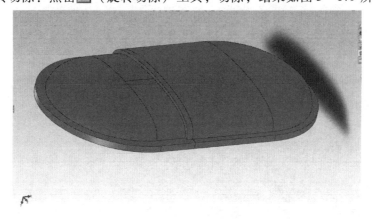

图 3 – 179　旋转切除

（15）插入基准面 3：点击参考几何体，再点击▨（基准面）工具，得出基准面 3，如图 3 – 180 所示。

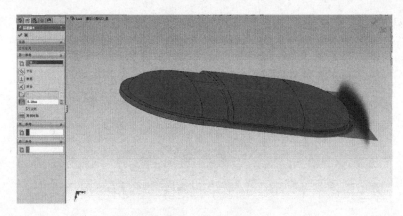

图 3 – 180　插入基准面 3

（16）绘制草图：在第 16 步插入的基准面 3 上绘制如图 3 – 181 所示草图。

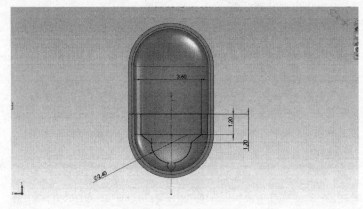

图 3 – 181　绘制草图

（17）拉伸凸台：点击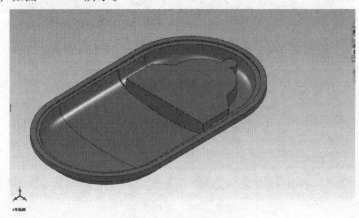暂（拉伸凸台）工具，拉伸出草图形状的凸体，选择形成到一面 – 模型顶面，如图 3 – 182 所示。

图 3 – 182　拉伸凸台

（18）绘制草图：在第 16 步的基准面 3 上，绘制如图 3－183 所示草图。

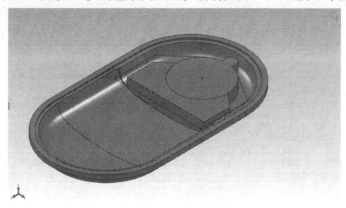

图 3－183　绘制草图

（19）拉伸切除：点击▣（拉伸切除）工具，给定深度 0.1mm，如图 3－184 所示。

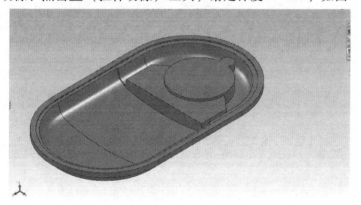

图 3－184　拉伸切除

（20）绘制草图：以内部圆台为基准面，绘制如图 3－185 所示草图。

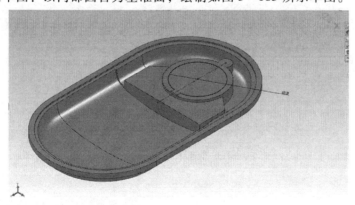

图 3－185　绘制草图

（21）拉伸切除：点击▣（拉伸切除）工具，完全贯穿，如图 3－186 所示。

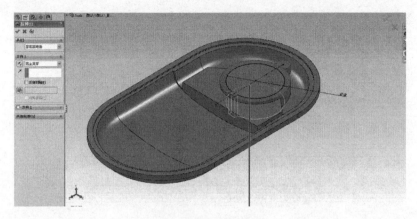

图 3 - 186　拉伸切除

（22）插入基准面4：点击参考几何体，再点击▨（基准面）工具。在左边的属性栏里选择上视基准面，等距距离1mm，得出所要的基准面4，如图3 - 187所示。

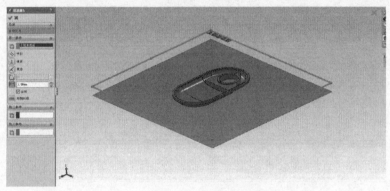

图 3 - 187　插入基准面 4

（23）绘制草图：以第22步基准面4为基准，绘制如图3 - 188所示草图。

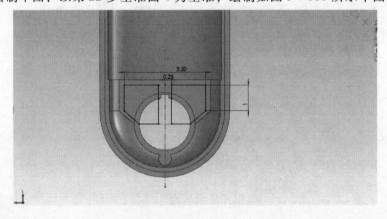

图 3 - 188　绘制草图

（24）拉伸切除：点击▣（拉伸切除）工具，给定深度0.6mm，结果如图3 - 189所示。

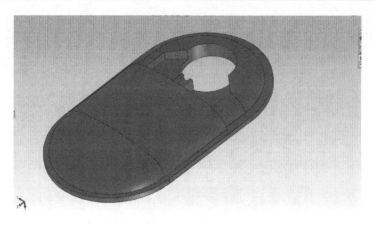

图 3 - 189　拉伸切除

（25）绘制草图：以基准面 4 为基准，绘制如图 3 - 190 所示草图。

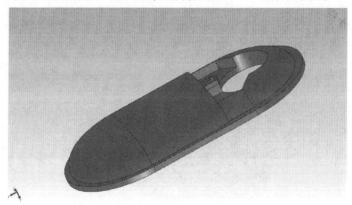

图 3 - 190　绘制草图

（26）拉伸切除：点击▣（拉伸切除）工具，给定深度 0.8mm，如图 3 - 191 所示。

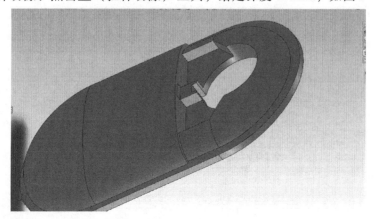

图 3 - 191　拉伸切除

（27）绘制草图：绘制如图 3 - 192 所示草图。

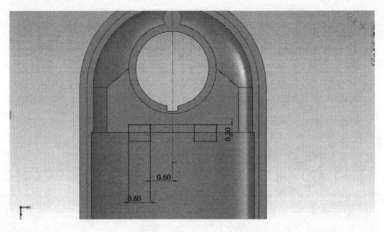

图 3 - 192 绘制草图

（28）拉伸切除：点击 （拉伸切除）工具，给定深度 0.4mm，如图 3 - 193 所示。

图 3 - 193 拉伸切除

（29）绘制草图：以基准面 4 为基准面，绘制如图 3 - 194 所示草图。

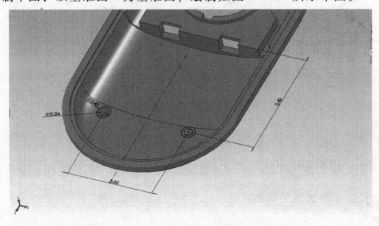

图 3 - 194 绘制草图

（30）拉伸凸台：点击 （拉伸凸台）工具，拉伸出草图形状的凸体，选择形成到一面，如图 3 – 195 所示。

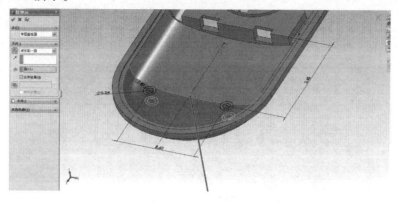

图 3 – 195　拉伸凸台

（31）绘制草图：绘制如图 3 – 196 所示草图。

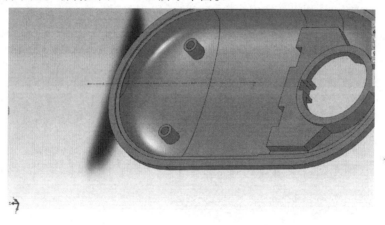

图 3 – 196　绘制草图

（32）拉伸凸台：点击 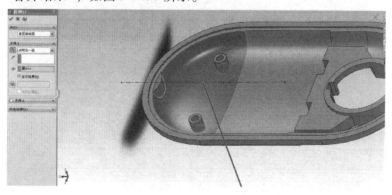（拉伸凸台）工具，拉伸出草图形状的凸体，选择形成到一面，并勾选"合并结果"，如图 3 – 197 所示。

图 3 – 197　拉伸凸台

（33）绘制草图：绘制如图 3 – 198 所示草图。

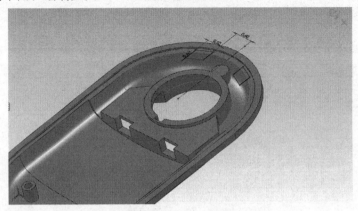

图 3 – 198　绘制草图

（34）拉伸切除：点击▣（拉伸切除）工具，给定深度 0.4mm，如图 3 – 199 所示。

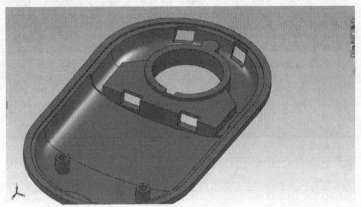

图 3 – 199　拉伸切除

（35）绘制草图：绘制草图，如图 3 – 200 所示。

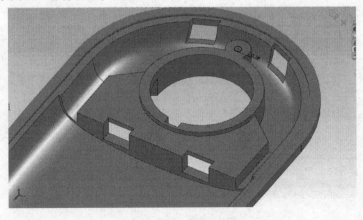

图 3 – 200　绘制草图

绘制草图，如图 3－201 所示。

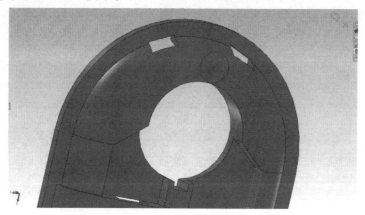

图 3－201　绘制草图

（36）放样切割：点击▣（放样切割）工具，将前一步两个草图放样切除主题绘制草图，结果如图 3－202 所示。

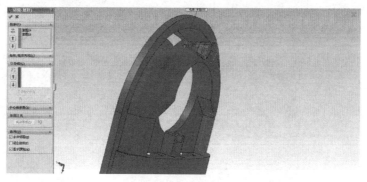

图 3－202　放样切割

（37）拉伸切除：在基准面 4 上绘制草图，如图 3－203 所示。

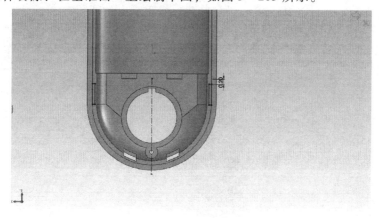

图 3－203　绘制草图

点击▣（拉伸切除）工具，给定深度 0.9mm，如图 3-204 所示。

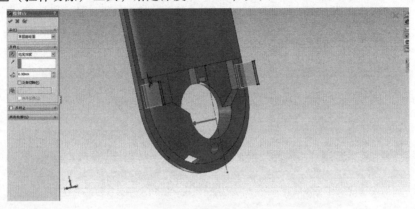

图 3-204　拉伸切除

（38）拉伸切除：在基准面 4 上绘制草图，如图 3-205 所示。

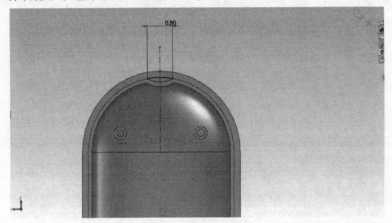

图 3-205　绘制草图

点击▣（拉伸切除）工具，成形到制定面，如图 3-206 所示。

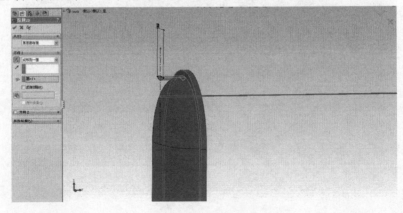

图 3-206　拉伸切除

（39）新建基准面 5：建立基准面 5，如图 3 - 207 所示。

图 3 - 207　新建基准面 5

（40）拉伸切除：以基准面 5 为基准面绘制草图，如图 3 - 208 所示。

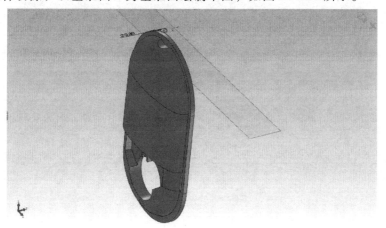

图 3 - 208　绘制草图

点击▣（拉伸切除）工具，给定深度 1mm，如图 3 - 209 所示。

图 3 - 209　拉伸切除

（41）倒圆角：对后盖的边线进行倒圆角，尺寸为 0.05mm，如图 3 - 210 所示。

图 3 – 210　倒圆角

（42）最后完成的整体效果如图 3 – 211 所示。

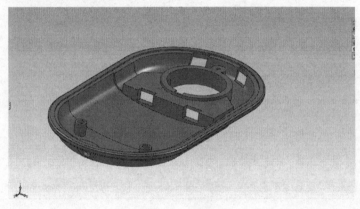

图 3 – 211　整体效果

3.2.5　零件 5：电池盖

（1）图示零件和下盖前期零件绘制方法及尺寸一样，我们仍然选择把上盖前期部分保存的文件提出来，进行后盖制作绘制草图，如图 3 – 212 所示。

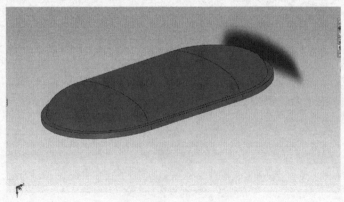

图 3 – 212　基体零件

（2）绘制草图：以右视图为基准面，画出如图 3 – 213 所示矩形。

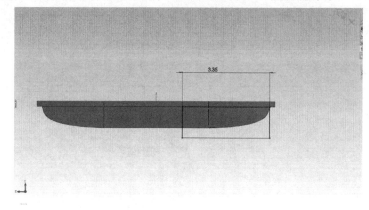

图 3 – 213　绘制草图

（3）拉伸切除：点击 ▣（拉伸切除）工具，点选反侧切除，结果如图 3 – 214 所示。

图 3 – 214　拉伸切除

（4）抽壳：点击 ▣（抽壳）工具，数据为 0.1mm，结果如图 3 – 215 所示。

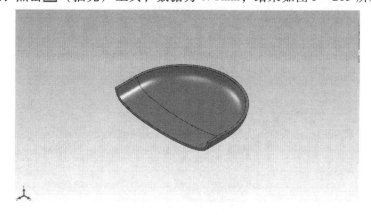

图 3 – 215　抽壳

（5）插入基准面 1：点击参考几何体，再点击 ◩（基准面）工具，在左边的属性栏里选择上视基准面，得出所要的基准面 1，如图 3 – 216 所示。

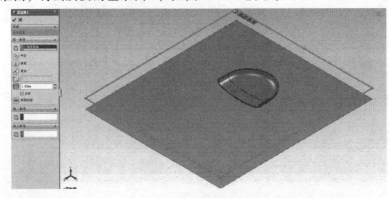

图 3 – 216　插入基准面 1

（6）绘制草图：以右视图为基准面，画出如图 3 – 217 所示矩形。

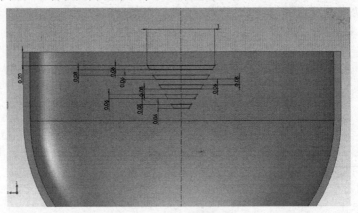

图 3 – 217　绘制草图

（7）拉伸凸台：点击 ▣（拉伸凸台）工具，拉伸出草图形状的凸体，给定深度为 0.1mm，并勾选 "合并结果"，结果如图 3 – 218 所示。

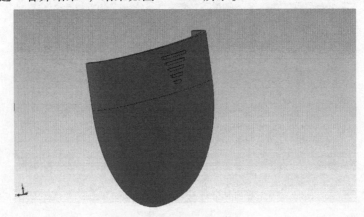

图 3 – 218　拉伸凸台

（8）插入基准面 2：点击参考几何体，再点击 （基准面）工具，在左边的属性栏里选择右视基准面，结果如图 3 - 219 所示。

图 3 - 219　插入基准面 2

（9）绘制草图：以右视图为基准面，画出如图 3 - 220 所示矩形。

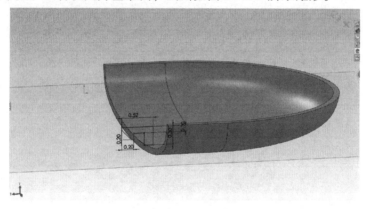

图 3 - 220　绘制草图

（10）拉伸凸台：点击 （拉伸凸台）工具，拉伸出草图形状的凸体，给定深度为 0.5mm，并勾选“合并结果”，结果如图 3 - 221 所示。

图 3 - 221　拉伸凸台

（11）绘制草图：画出如图 3 - 222 所示矩形。

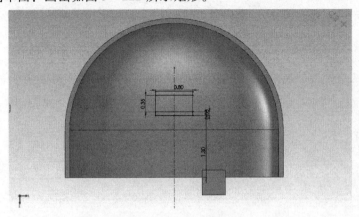

图 3 - 222　绘制草图

（12）拉伸凸台：点击 ▣（拉伸凸台）工具，拉伸出草图形状的凸体，成形到一面，并勾选"合并结果"，如图 3 - 223 所示。

图 3 - 223　拉伸凸台

（13）绘制草图：画出如图 3 - 224 所示矩形。

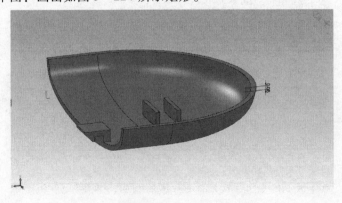

图 3 - 224　绘制草图

（14）拉伸凸台：点击 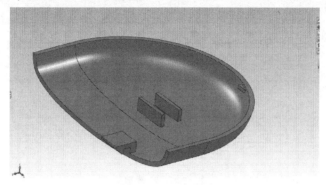（拉伸凸台）工具，拉伸出草图形状的凸体，成形到一面，并勾选"合并结果"，如图 3 - 225 所示。

图 3 - 225　拉伸凸台

（15）绘制草图：画出如图 3 - 226 所示矩形。

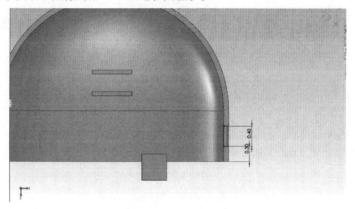

图 3 - 226　绘制草图

（16）拉伸凸台：点击 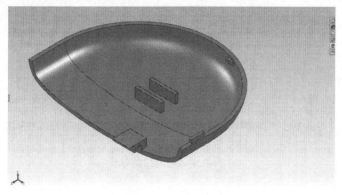（拉伸凸台）工具，拉伸出草图形状的凸体，成形到一面，并勾选"合并结果"，如图 3 - 227 所示。

图 3 - 227　拉伸凸台

（17）镜像实体：以右视图为基准面点击▣（镜像）工具，结果如图3－228所示。

图3－228　镜像实体

（18）倒圆角：点击▣（圆角）工具，进行倒圆角；勾选切线延伸，弧度为0.02mm，如图3－229所示。

图3－229　倒圆角

（19）最终，电池后盖零件如图3－230所示。

图3－230　电池后盖零件

3.2.6　装配

（1）将各个零件完成后，新建一个装配体，将各个零件进行装配。先插入上盖，如

图 3 -231所示，以此作为参考基准对象，再选择插入零部件、插入按键零件。

图 3 - 231　装配体

（2）点击 （配合）工具，选取要合并的两个面使两个零件能够完全合并；选取两个零件中在一个面上的部分，以使其对齐，如图 3 - 232 所示。

图 3 - 232　配合按键零件

（3）点击 （配合）工具，将电板零件组装，如图 3 - 233 所示。

图 3 - 233　配合电路板零件

（4）类似地，将下盖零件组装，如图 3 – 234 所示。

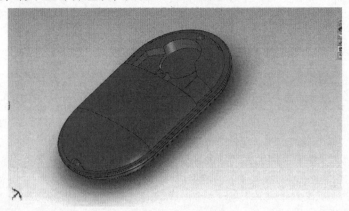

图 3 – 234　配合下盖零件

（5）类似地，将电池盖零件组装，如图 3 – 235 所示。

图 3 – 235　配合电池盖零件

（6）最后组装完成如图 3 – 236 所示。

图 3 – 236　装配最终文件

第 4 章 高级产品综合建模

——以燃气灶建模为例

为加强对实际设计中建模的理解，本章先是对某公司燃气灶内部进行实测，然后再在内部零件的基础上进行外部零件的工业设计。因此，本章案例涵盖内部零件测绘建模。同时，也借助燃气灶来提醒大家加强对钣金工艺和钢化玻璃的理解。❶

【思路分析】这是多零件配合的实体建模，既然是配合，很多部件就是可以通用的；左右两边对称，在装配时可以先组装好一边，最后再进行镜像。在建模之前把思路理清楚，预先将可以重复使用的零件保存，将达至事半功倍的效果。

4.1 零件1：底座

启动 SolidWorks 软件，在菜单处点击【文件】→【新建】，新建一个零件文件，命名为"底座"。

（1）绘制草图和拉伸凸台：以上视图为基准面，用直线工具绘制长为 700mm、宽为 400mm 的图形，如图 4－1 所示。最后调整图形以原点左右对称，方便后面操作。

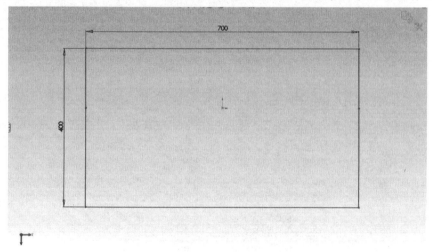

图 4－1 绘制草图

---

❶ 钣金工艺是针对金属薄板（通常在 6mm 以下）的一种综合冷加工工艺，包括剪、冲/切/复合、折、焊接、铆接、拼接、成型（如汽车车身）等，也是当前实际生产中较为重要的生产工艺。

选择特征，点击▣（拉伸凸台）工具，给定深度 8mm，形成凸体，如图 4-2 所示。

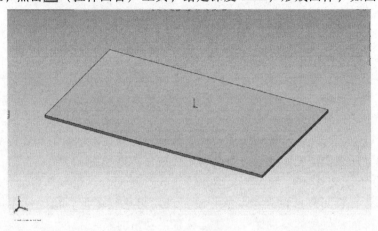

图 4-2　拉伸凸台

（2）倒圆角：点击▣（圆角）工具，设置半径为 40mm，如图 4-3 所示。

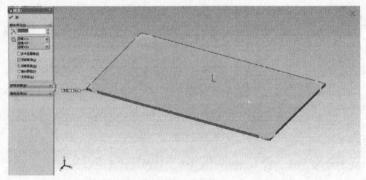

图 4-3　倒圆角

·（3）绘制草图和拉伸凸台：以上步凸体的底面为基准面，绘制长为 610mm，宽为 330mm 的图形，如图 4-4 所示。

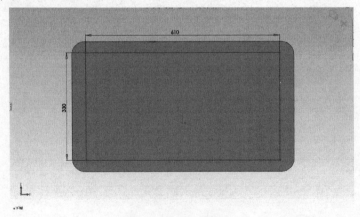

图 4-4　绘制草图

选择特征，点击工具，给定深度 50mm，形成凸体，如图 4-5 所示。

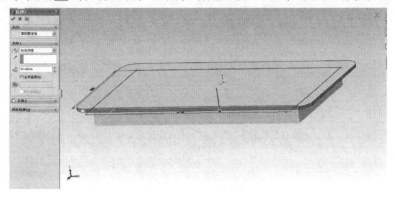

图 4 - 5　拉伸凸台

（4）倒圆角：点击工具，设置半径为 40mm，如图 4 - 6 所示。

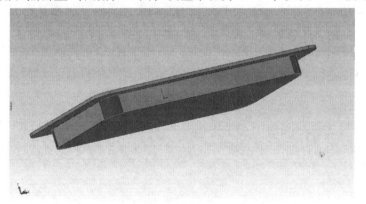

图 4 - 6　倒圆角

（5）绘制草图和拉伸切除：以上平面为基准面，绘制长为 600mm、宽为 320mm、倒角半径为 40mm 的图形，如图 4 - 7 所示。

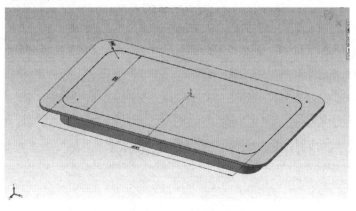

图 4 - 7　绘制草图

选择特征, 点击▣ (拉伸切除) 工具, 给定深度为 54mm, 如图 4 - 8 所示。

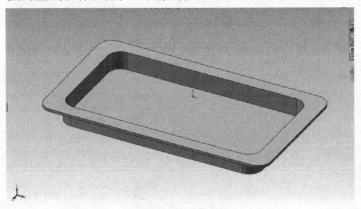

图 4 - 8   拉伸切除

(6) 绘制草图和拉伸切除: 以内槽平面为基准面, 选用◎ (圆) 工具, 绘制一个圆, 直径为 33mm, 如图 4 - 9 所示。

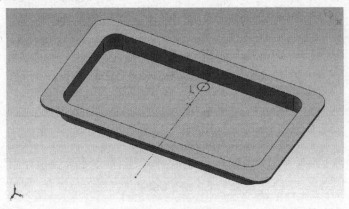

图 4 - 9   绘制草图

选择特征, 点击▣ (拉伸切除) 工具, 选择完全贯穿, 如图 4 - 10 所示。

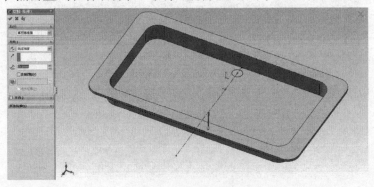

图 4 - 10   拉伸切除

(7) 绘制草图和拉伸凸台: 以最上部边沿平面为基准面, 选用◎ (圆) 工具, 绘制圆；以四边中点为圆心（中点会自动捕捉），直径为 10mm，如图 4 – 11 所示。

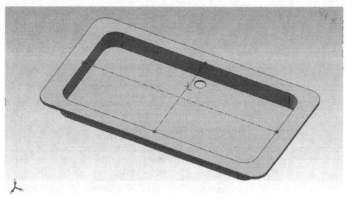

图 4 – 11   绘制草图

选择特征，点击图（拉伸凸台）工具；方向 1，给定深度 0.01mm，方向 2，给定深度为 55mm，如图 4 – 12 所示。

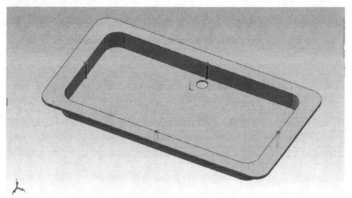

图 4 – 12   拉伸凸台

（8）倒圆角：点击圆（圆角）工具，设置半径为 10mm，如图 4 – 13 所示。

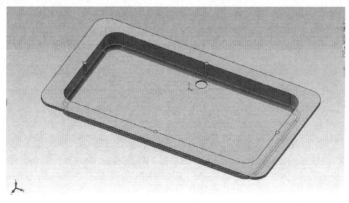

图 4 – 13   倒圆角

（9）倒圆角：点击 ▣（圆角）工具，设置半径为 5mm，如图 4 - 14 所示。

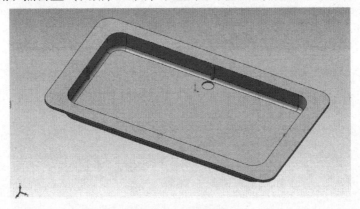

图 4 - 14　倒圆角

（10）倒圆角：点击 ▣（圆角）工具，设置半径为 10mm，如图 4 - 15 所示。

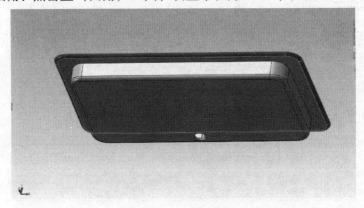

图 4 - 15　倒圆角

（11）绘制草图和拉伸切除：以内槽平面为基准面，以图示参数为标准绘制图形，如图 4 - 16 所示。

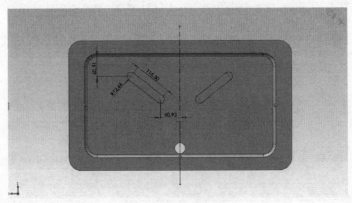

图 4 - 16　绘制草图

选择特征，点击圖（拉伸切除）工具，选择完全贯穿，如图 4 - 17 所示。

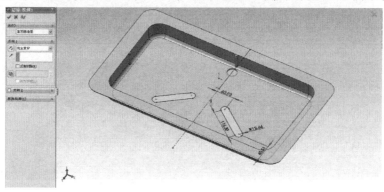

图 4 - 17　拉伸切除

（12）绘制草图和拉伸切除：以内槽平面为基准面，以图示参数为标准绘制图形，如图 4 - 18 所示。

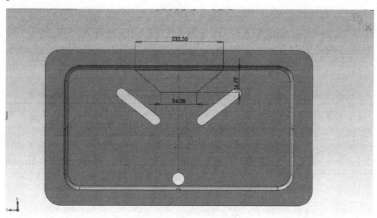

图 4 - 18　绘制草图

选择特征，点击圖（拉伸切除）工具，给定深度为 2.5mm，如图 4 - 19 所示。

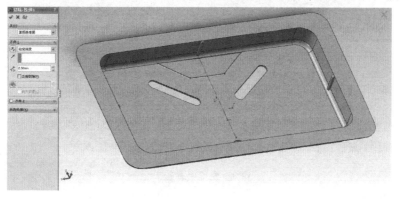

图 4 - 19　拉伸切除

（13）倒圆角：点击 ▣（圆角）工具，如图 4-20 所示，设置半径为 10mm。

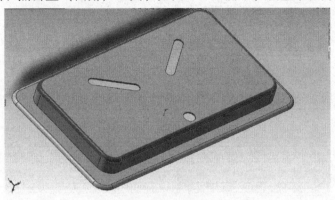

图 4-20　倒圆角

（14）绘制草图和拉伸凸台：以底座平面为基准面，选用 ▣（圆）工具，绘制圆，直径为 10mm，如图 4-21 所示。

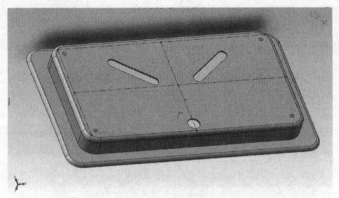

图 4-21　绘制草图

选择特征，点击 ▣（拉伸凸台）工具，方向 1，给定深度 7mm，如图 4-22 所示。

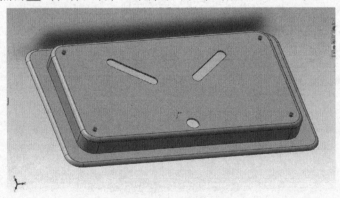

图 4-22　拉伸凸台

底座制作完成。

4.2　零件 2：按键

（1）创建基准面 1：新建一个零件，选择"上视基准面"，点击参考几何体下的 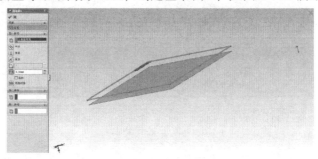 （基准面）工具，设置等距距离为 6mm，创建基准面 1，如图 4 – 23 所示。

图 4 – 23　创建基准面 1

（2）绘制草图和拉伸凸台：在基准面上绘制图形，如图 4 – 24 所示。

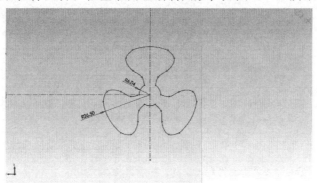

图 4 – 24　绘制草图

利用草图镜像工具，做出另一个图形，两个图形中心点距离为 60mm，如图 4 – 25 所示。

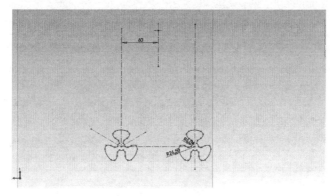

图 4 – 25　镜像草图

选择特征，点击⬚（拉伸凸台）工具，给定深度 4mm，如图 4 – 26 所示。

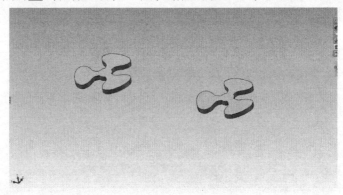

图 4 – 26　拉伸凸台

（3）绘制草图和拉伸凸台：以凸体的顶面为基准面，用圆弧工具绘制图形，如图 4 – 27 所示。以同样的方法绘制另一个。

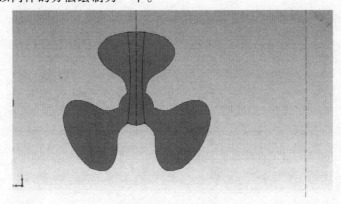

图 4 – 27　绘制草图

选择特征，点击⬚（拉伸凸台）工具，给定深度 12mm，勾选"合并结果"，如图 4 – 28 所示。

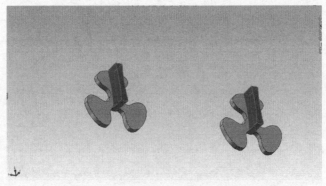

图 4 – 28　拉伸凸台

（4）倒圆角：点击 ⌾（圆角）工具，设置半径为 1mm，如图 4 - 29 所示。

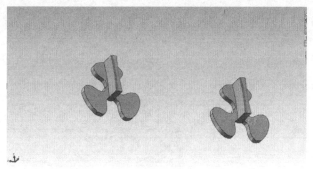

图 4 - 29　倒圆角

再进行上下部分倒角，半径为 2mm，如图 4 - 30 所示。

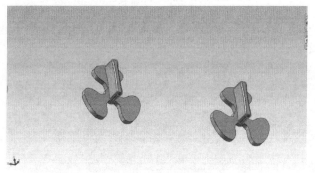

图 4 - 30　倒圆角

按键制作完毕。

4.3　零件 3：灶头

（1）绘制草图和拉伸凸台：新建一个零件，以上视图基准面选用 ⌾（圆）工具，绘制一个圆，直径为 100mm，如图 4 - 31 所示。

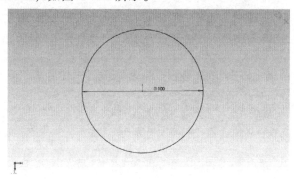

图 4 - 31　绘制草图

选择特征，点击 (拉伸凸台) 工具，给定深度 25mm，如图 4 – 32 所示。

图 4 – 32　拉伸凸台

（2）绘制草图和拉伸切除：以凸体的顶面为基准面选用 (圆) 工具，绘制一个圆，直径为 80mm，如图 4 – 33 所示。

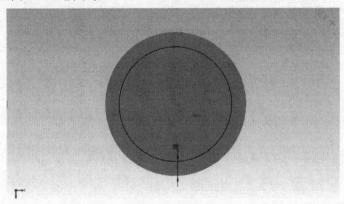

图 4 – 33　绘制草图

选择特征，点击 (拉伸切除) 工具，完全贯穿，如图 4 – 34 所示。

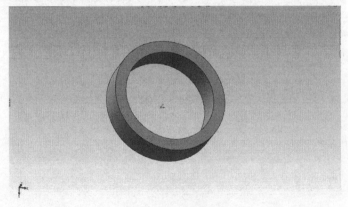

图 4 – 34　拉伸切除

（3）倒角：点击⊘（倒角）工具，选择内边线，角度距离为8.5mm，角度为20°，如图4-35所示。

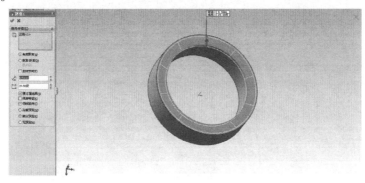

图4-35 倒角

（4）抽壳：选择圆筒另一面和圆筒内壁，点击⊞（抽壳）工具，抽壳参数为2mm，如图4-36所示。

图4-36 抽壳

（5）创建基准面1：选择"上视基准面"，点击参考几何体下的◈（基准面）工具，设置等距距离为20.09mm，创建基准面1，如图4-37所示。

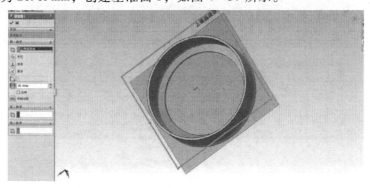

图4-37 创建基准面1

（6）绘制草图和拉伸凸台：以基准面1为基准面选用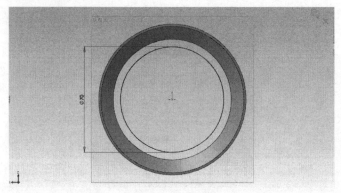（圆）工具，绘制一个圆，直径为70mm，如图4-38所示。

图4-38　绘制草图

选择特征，点击▣（拉伸凸台）工具，方向1，给定深度0.01mm，合并结果，方向2，给定深度20.09mm，如图4-39所示。

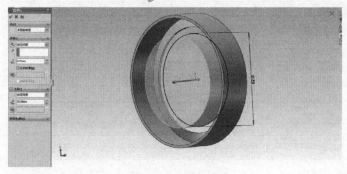

图4-39　拉伸凸台

（7）绘制草图和拉伸切除：以基准面1为基准面选用▣（圆）工具，绘制一个圆，直径为63mm，如图4-40所示。

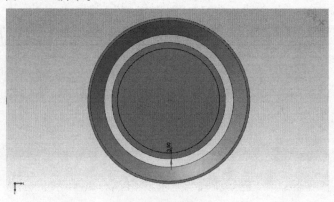

图4-40　绘制草图

选择特征，点击 ▣（拉伸切除）工具，完全贯穿，如图 4－41 所示。

图 4－41　拉伸切除

（8）倒角：点击 ▣（倒角）工具，倒角参数：选择角度距离，距离为 3mm，角度为 9°，如图 4－42 所示。

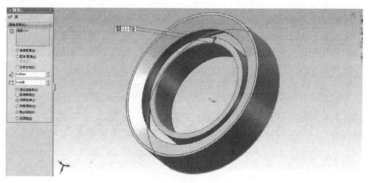

图 4－42　倒角

（9）绘制草图和拉伸凸台：以上视图为基准面，选用 ▣（圆）工具，绘制一个圆，直径为 28mm，如图 4－43 所示。

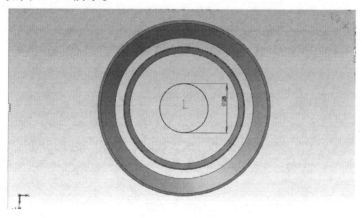

图 4－43　绘制草图

选择特征，点击▣（拉伸凸台）工具，给定深度 21mm，合并结果，如图 4 – 44 所示。

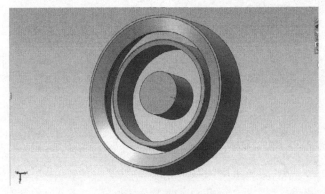

图 4 – 44　拉伸凸台

（10）绘制草图和拉伸凸台：以圆柱顶面为基准面，选用▣（圆）工具，绘制一个圆，直径为 27mm，如图 4 – 45 所示。

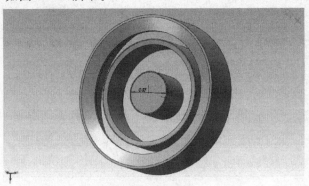

图 4 – 45　绘制草图

选择特征，点击▣（拉伸凸台）工具，给定深度 0.5mm，合并结果，如图 4 – 46 所示。

图 4 – 46　拉伸凸台

（11）绘制草图和拉伸凸台：以第 10 步所做小圆台顶面为基准面，选用 ⊚（圆）工具，绘制一个圆，直径为 28mm，如图 4 - 47 所示。

图 4 - 47　绘制草图

选择特征，点击 ▣（拉伸凸台）工具，给定深度 16mm，合并结果，如图 4 - 48 所示。

图 4 - 48　拉伸凸台

（12）绘制草图和拉伸凸台：以上步所做圆台顶面为基准面，选用 ⊚（圆）工具，绘制一个圆，直径为 30mm，如图 4 - 49 所示。

图 4 - 49　绘制草图

选择特征，点击▣（拉伸凸台）工具，给定深度 2.5mm，勾选"合并结果"，如图 4－50 所示。

图 4－50　拉伸凸台

（13）绘制草图和拉伸凸台：以第 12 步所做圆台为基准面，选用◎（圆）工具，绘制一个圆，直径为 29mm，如图 4－51 所示。

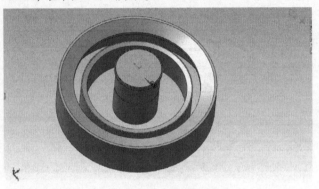

图 4－51　绘制草图

选择特征，点击▣（拉伸凸台）工具，给定深度 0.5mm，合并结果，如图 4－52 所示。

图 4－52　拉伸凸台

（14）绘制草图和拉伸凸台：以第 13 步所做圆台为基准面，选用 ⊙（圆）工具，绘制一个圆，直径为 30mm，如图 4 – 53 所示。

图 4 – 53　绘制草图

选择特征，点击 ▣（拉伸凸台）工具，给定深度 3.5mm，勾选"合并结果"，如图 4 – 54 所示。

图 4 – 54　拉伸凸台

（15）倒圆角：点击 ◎（圆角）工具，选边缘线，设置半径为 0.8mm，如图 4 – 55 所示。

图 4 – 55　倒圆角

同样的方法，圆角半径为 0.2mm，如图 4 – 56 所示。

图 4 – 56　倒圆角

（16）绘制草图和拉伸凸台：以上视图为基准面，选用 （圆）工具，绘制一个圆，直径为 102.5mm，如图 4 – 57 所示。

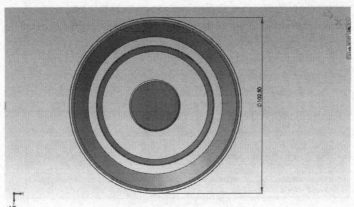

图 4 – 57　绘制草图

选择特征，点击 （拉伸凸台）工具，给定深度 45mm，如图 4 – 58 所示。

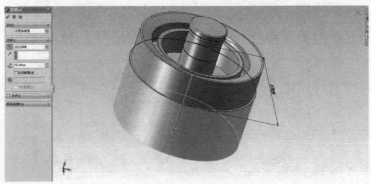

图 4 – 58　拉伸凸台

（17）绘制草图和拉伸切除：以右视图为基准面，绘制图形，如图 4－59 所示。

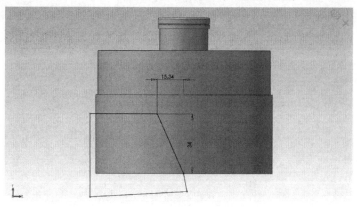

图 4－59 绘制草图

选择特征，点击■（拉伸切除）工具，完全贯穿到底，如图 4－60 所示。

图 4－60 拉伸切除

（18）插入基准面 2：选择前视基准面，点击参考几何体下的■（基准面）工具，设置等距距离为 150mm，如图 4－61 所示。

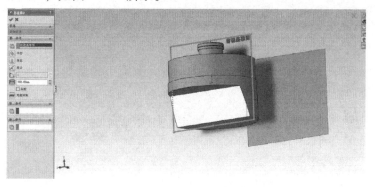

图 4－61 插入基准面 2

（19）绘制草图和拉伸凸台：以第18步建立的基准面为基准绘制图形，如图4－62所示。

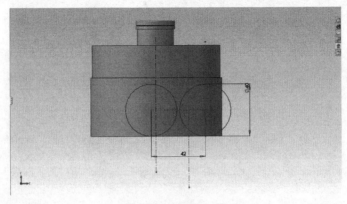

图4－62　绘制草图

选择特征，点击▣（拉伸凸台）工具，给定深度15mm，点选"合并结果"，如图4－63所示。

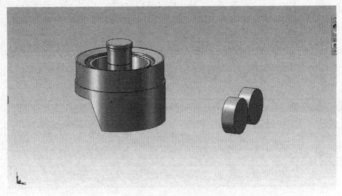

图4－63　拉伸凸台

（20）插入基准面4：选择凸台底面为基准面，点击参考几何体下的◩（基准面）工具，设置等距离为15mm，如图4－64所示。

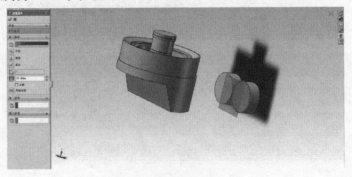

图4－64　插入基准面4

（21）绘制草图：以第 20 步建立的基准面为基准，以圆柱中心点为圆心，选用 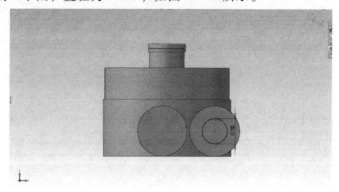（圆）工具，绘制一个圆，直径为 20mm，如图 4 - 65 所示。

图 4 - 65 绘制草图

（22）3D 草图绘制：点击 （3D 草图）工具，按 Alt 键来改变轴向，绘制曲线，如图 4 - 66 所示。

图 4 - 66 绘制 3D 草图

（23）放样：点击 （放样）工具，选中上下圆为轮廓，选两侧曲线为路径，如图 4 - 67所示。

图 4 - 67 放样实体

（24）插入基准面5：选择前视图为基准面，点击参考几何体下的▧（基准面）工具，设置等距距离为17mm，如图4－68所示。

图4－68　插入基准面5

（25）绘制草图和拉伸凸台：以第24步建立的基准面为基准，选用◎（圆）工具，绘制一个圆，直径为20mm，如图4－69所示。

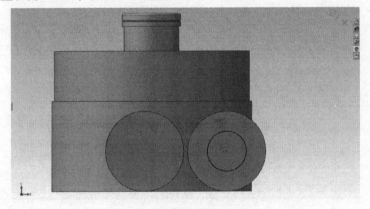

图4－69　绘制草图

选择特征，点击▣（拉伸凸台）工具，给定深度105mm，勾选"合并结果"，如图4－70所示。

图4－70　拉伸凸台

以同样的方法和参数做出另一侧，如图 4 – 71 所示。

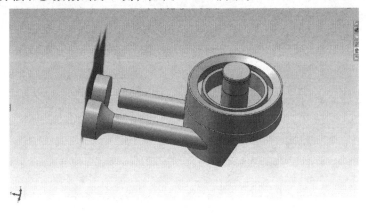

图 4 – 71　绘制凸台

（26）绘制草图和拉伸凸台：以底部圆柱顶面为基准面，绘制图形，如图 4 – 72 所示。

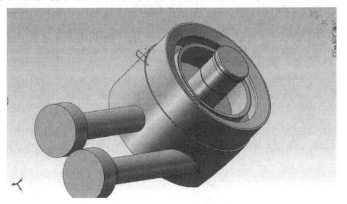

图 4 – 72　绘制草图

（27）拉伸凸台：选择特征，点击 ⬚（拉伸凸台）工具，给定深度 25mm，点选"合并结果"，如图 4 – 73 所示。

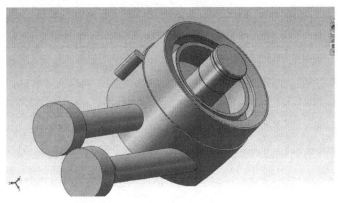

图 4 – 73　拉伸凸台

（28）绘制草图和拉伸切除：以第 27 步柱体顶面为基准面，选用 ◎ （圆）工具，绘制一个圆，直径为 3.03mm，如图 4 – 74 所示。

图 4 – 74　绘制草图

选择特征，点击 ◙ （拉伸切除）工具，完全贯穿到底，如图 4 – 75 所示。

图 4 – 75　拉伸切除

以同样的方法绘制另一个，柱体拉伸高度为 11mm，如图 4 – 76 所示。

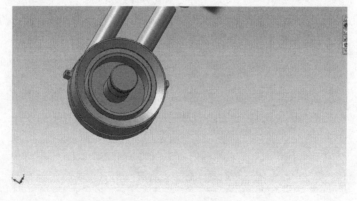

图 4 – 76　绘制实体

（29）倒圆角：点击 （圆角）工具，设置半径为 3.5mm，如图 4 – 77 所示。

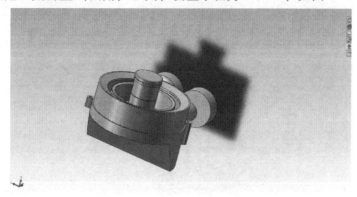

图 4 – 77　倒圆角

（30）绘制草图和拉伸凸台：以下部圆柱顶面为基准面，绘制草图，如图 4 – 78 所示。

图 4 – 78　绘制草图

选择特征，点击 （拉伸凸台）工具，给定深度 25mm，勾选"合并结果"，如图
4 – 79 所示。

图 4 – 79　拉伸凸台

（31）绘制草图和拉伸凸台：以上步柱体顶面为基准面，选用 （圆）工具，绘制一个圆，直径为 3.98mm，如图 4 – 80 所示。

图 4 – 80　绘制草图

选择特征，点击 ◙（拉伸凸台）工具，给定深度 0.2mm，勾选"合并结果"，如图 4 – 81 所示。

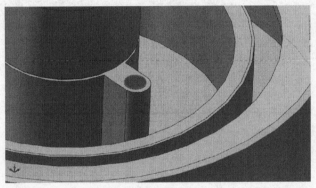

图 4 – 81　拉伸凸台

（32）绘制草图和拉伸凸台：以第 31 步柱体顶面为基准面，选用 ◙（圆）工具，绘制一个圆，直径为 1.98mm，如图 4 – 82 所示。

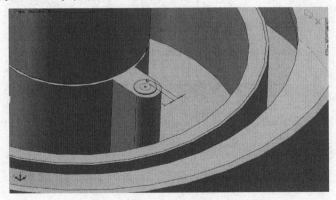

图 4 – 82　绘制草图

选择特征，点击（拉伸凸台）工具，给定深度 18mm，勾选"合并结果"，如图 4 – 83 所示。

图 4 – 83 拉伸凸台

（33）绘制草图和拉伸切除：以第 32 步柱体顶面为基准面，选用（圆）工具，绘制一个圆，直径为 1.38mm，如图 4 – 84 所示。

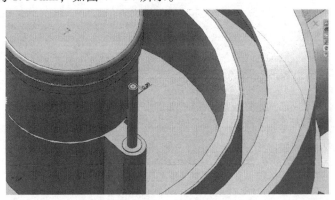

图 4 – 84 绘制草图

选择特征，点击（拉伸切除）工具，给定深度为 5mm，如图 4 – 85 所示。

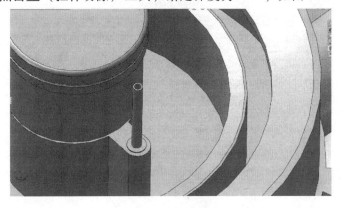

图 4 – 85 拉伸切除

（34）绘制草图和拉伸凸台：以上步镂空的底面为基准面，选用 （圆）工具，绘制一个圆，直径为1.08mm，如图4-86所示。

图4-86　绘制草图

选择特征，点击 （拉伸凸台）工具，给定深度10mm，勾选"合并结果"，如图4-87所示。

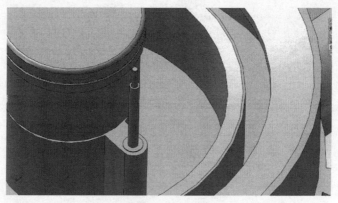

图4-87　拉伸凸台

用同样的方法画出另一个，如图4-88所示。

图4-88　绘制实体

（35）倒圆角：点击 ⊘（圆角）工具，设置半径为 0.1mm，如图 4 – 89 所示。

图 4 – 89　倒圆角

同第 23 步的方法一样，利用放样工具做出另一个圆台，如图 4 – 90 所示。

图 4 – 90　绘制实体

（36）插入基准面 8：选择前视基准面为基准，点击参考几何体下的 ◈（基准面）工具，设置等距离为 15mm，点选反向，如图 4 – 91 所示。

图 4 – 91　插入基准面 8

（37）绘制草图和切除拉伸：以第36步基准面为基准绘制如图4-92所示的图形。

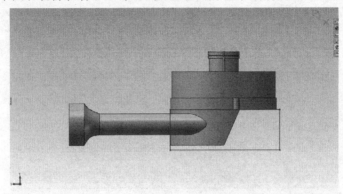

图4-92　绘制草图

选择特征，点击▣（拉伸切除）工具，完全贯穿，如图4-93所示。

图4-93　拉伸切除

灶头制作完毕，如图4-94所示。

图4-94　灶头实体模型

4.4　零件 4：气阀 1

（1）绘制草图和拉伸凸台：新建一个零件，以前视基准面为基准面，选用 （圆）工具，绘制一个圆，直径为 40mm，如图 4 - 95 所示。

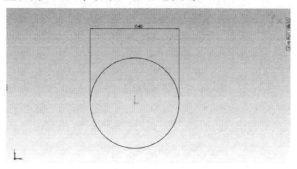

图 4 - 95　绘制草图

选择特征，点击 （拉伸凸台）工具，给定深度 2mm，勾选"合并结果"，如图 4 - 96 所示。

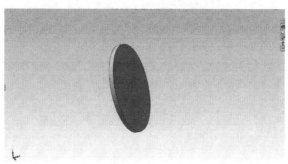

图 4 - 96　拉伸凸台

（2）绘制草图和拉伸凸台：以凸体顶面为基准面，选用 （圆）工具，绘制一个圆，直径为 38mm，如图 4 - 97 所示。

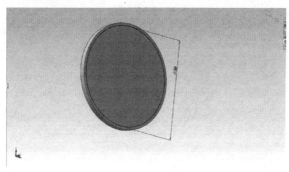

图 4 - 97　绘制草图

选择特征，点击▣（拉伸凸台）工具，给定深度 2mm，勾选"合并结果"，如图 4 – 98 所示。

图 4 – 98　拉伸凸台

（3）绘制草图和切除拉伸：以第 2 步凸体顶面为基准面，选用◎（圆）工具，绘制图形，如图 4 – 99 所示。

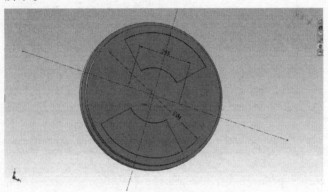

图 4 – 99　绘制草图

选择特征，点击▣（拉伸切除）工具，给定深度为 2mm，如图 4 – 100 所示。

图 4 – 100　拉伸切除

（4）绘制草图和拉伸凸台：以凸体顶面为基准面，选用⊙（圆）工具，绘制图形，直径为 8mm，如图 4 - 101 所示。

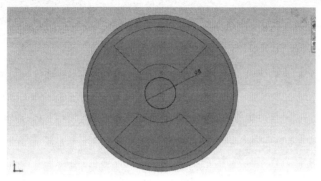

图 4 - 101 绘制草图

选择特征，点击▣（拉伸凸台）工具，给定深度 6mm，勾选"合并结果"，如图 4 - 102所示。

图 4 - 102 拉伸凸台

（5）绘制草图和拉伸凸台：以第 4 步柱体顶面为基准面，选用⊙（多边形）工具绘制图形，内切直径为 8.47mm，如图 4 - 103 所示。

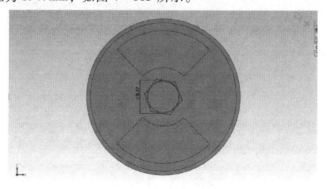

图 4 - 103 绘制草图

选择特征，点击　（拉伸凸台）工具，给定深度 6mm，如图 4 – 104 所示。

图 4 – 104　拉伸凸台

（6）绘制草图和拉伸凸台：以第五步六边体顶面为基准面，选用　（圆）工具，绘制图形，直径为 10mm，如图 4 – 105 所示。

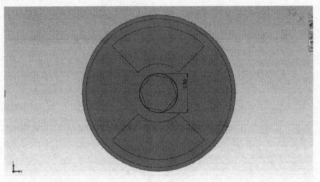

图 4 – 105　绘制草图

选择特征，点击　（拉伸凸台）工具，给定深度 20mm，如图 4 – 106 所示。

图 4 – 106　拉伸凸台

（7）绘制草图和拉伸凸台：以第六步圆柱体顶面为基准面，选用　（多边形）工具，绘制图形，内切直径为 10.05mm，如图 4 – 107 所示。

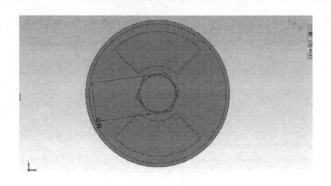

图 4 - 107　绘制草图

选择特征，点击 （拉伸凸台）工具，给定深度 4mm，如图 4 - 108 所示。

图 4 - 108　拉伸凸台

气阀 1 制作完毕。

4.5　零件 5：气阀 2

接着气阀 1 的第 3 步做。

（1）绘制草图和切除拉伸：打开气阀 1 第 3 步，如图 4 - 109 所示。

提示：也可以将气阀 1 另存为一个文件，然后将特征树删除到该步骤。

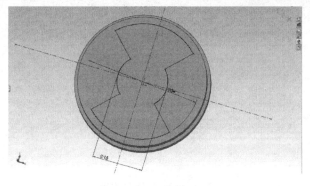

图 4 - 109　绘制草图

选择特征，点击▣（拉伸切除）工具，给定深度为 4mm，点选反侧切除，如图 4 – 110 所示。

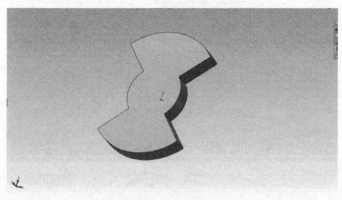

图 4 – 110 切除拉伸

以下圆柱、六边体制作和气阀 1 第 4 步到第 7 步相同，如图 4 – 111 所示。

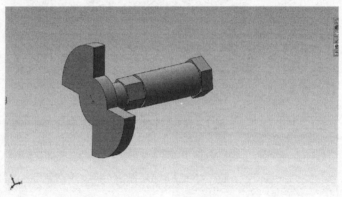

图 4 – 111 制作实体

（2）插入基准面：选择前视基准面为基准，点击参考几何体下的▨（基准面）工具，设置等距距离为 2mm，如图 4 – 112 所示。

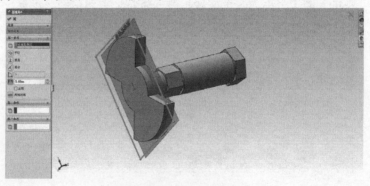

图 4 – 112 插入基准面

（3）绘制草图和切除拉伸：以第 2 步基准面为基准，绘制草图，如图 4 – 113 所示。

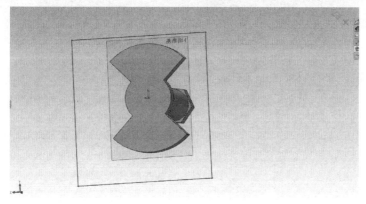

图 4 – 113　绘制草图

选择特征，点击 （拉伸切除）工具，完全贯穿，如图 4 – 114 所示。

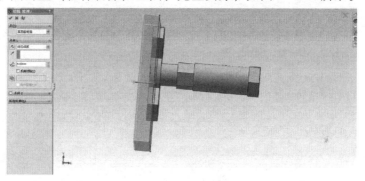

图 4 – 114　拉伸切除

（4）绘制草图和拉伸凸台：以第 2 步所做基准面为基准，选用 （圆）工具，绘制图形，直径为 40mm，如图 4 – 115 所示。

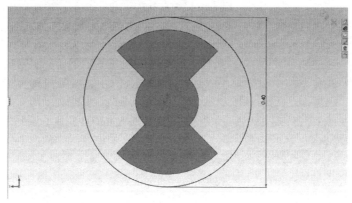

图 4 – 115　绘制草图

选择特征，点击 （拉伸凸台）工具，给定深度 2mm，如图 4 – 116 所示。

图 4 – 116　拉伸凸台

气阀 2 制作完毕。

4.6　零件 6：输气管

（1）绘制草图和拉伸凸台：新建一个零件，以前视基准面为基准，选用 ◎（圆）工具，绘制图形，直径为 20mm，如图 4 – 117 所示。

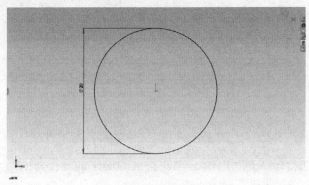

图 4 – 117　绘制草图

选择特征，点击 ▣（拉伸凸台）工具，给定深度 22mm，如图 4 – 118 所示。

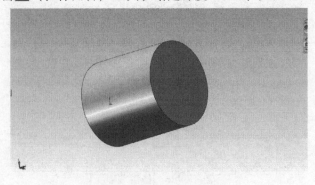

图 4 – 118　拉伸凸台

（2）绘制草图和拉伸凸台：以第 1 步凸体顶面为基准，选用 ⊙（圆）工具，绘制图形，直径为 15mm，如图 4 - 119 所示。

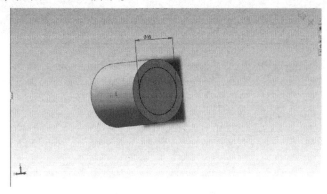

图 4 - 119　绘制草图

选择特征，点击 ▣（拉伸凸台）工具，给定深度 26mm，点选"合并结果"，如图 4 - 120 所示。

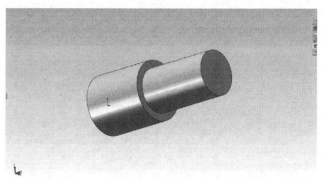

图 4 - 120　拉伸凸台

（3）绘制草图和拉伸凸台：以第 1 步凸体底面为基准，选用 ⊙（圆）工具，绘制图形，直径为 15mm，如图 4 - 121 所示。

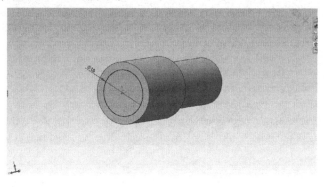

图 4 - 121　绘制草图

选择特征，点击 （拉伸凸台）工具，给定深度 10mm，如图 4 - 122 所示。

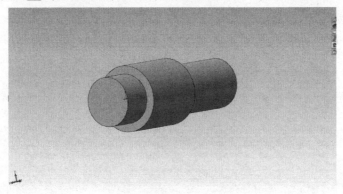

图 4 - 122　拉伸凸台

（4）绘制草图和拉伸凸台：以第 1 步凸体顶面为基准，选用 （圆）工具，绘制图形，直径为 16.2mm，如图 4 - 123 所示。

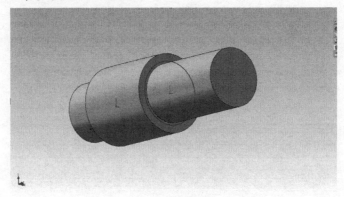

图 4 - 123　绘制草图

选择特征，点击 （拉伸凸台）工具，给定深度 1.5mm，如图 4 - 124 所示。

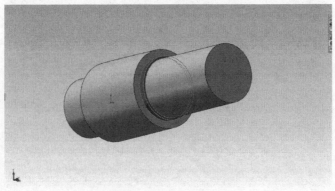

图 4 - 124　拉伸凸台

（5）插入基准面 1：选择右视基准面为基准，点击参考几何体下的 ◇（基准面）工具，设置等距距离为 35mm，点选反向，如图 4 - 125 所示。

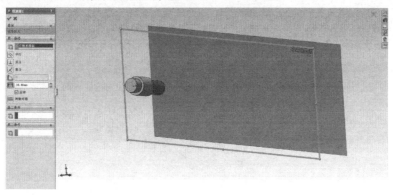

图 4 - 125　插入基准面 1

（6）绘制草图和拉伸凸台：以第 5 步的基准面 1 为基准，选用 ◎（圆）工具，绘制图形，直径为 10mm，如图 4 - 126 所示。

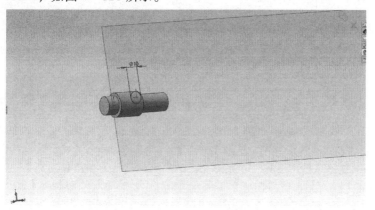

图 4 - 126　绘制草图

选择特征，点击 ▣（拉伸凸台）工具，给定深度 30mm，如图 4 - 127 所示。

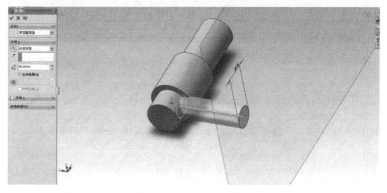

图 4 - 127　拉伸凸台

（7）插入基准面 2：以基准面 8 为基准，点击参考几何体下的 ◈（基准面）工具，设置等距距离为 17mm，点选反向，如图 4－128 所示。

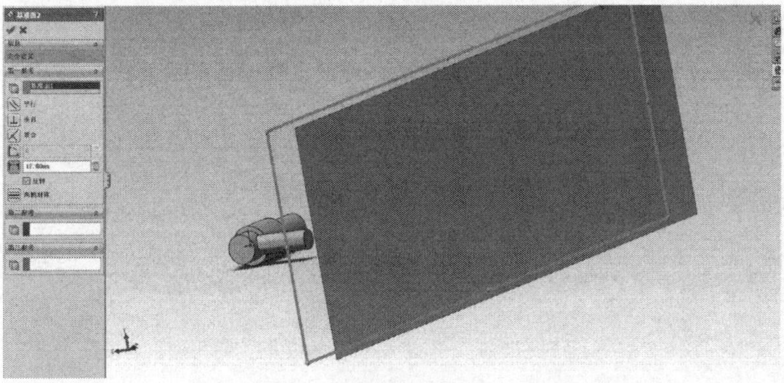

图 4－128　插入基准面 2

（8）绘制草图和拉伸凸台：以第 7 步基准面 2 为基准，选用⊙（圆）工具，绘制图形，直径为 25mm，如图 4－129 所示。

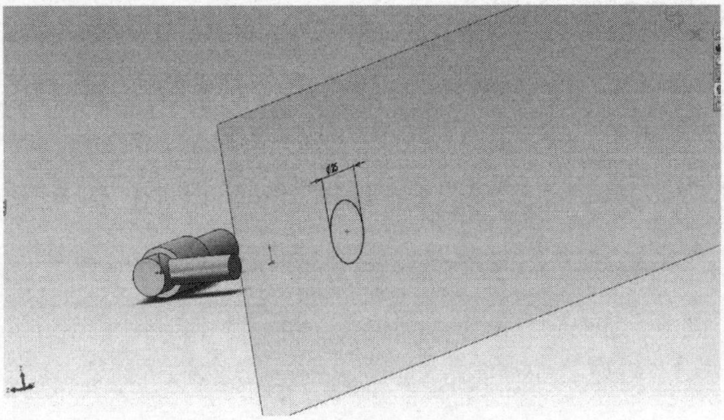

图 4－129　绘制草图

选择特征，点击▣（拉伸凸台）工具，给定深度 42mm，如图 4－130 所示。

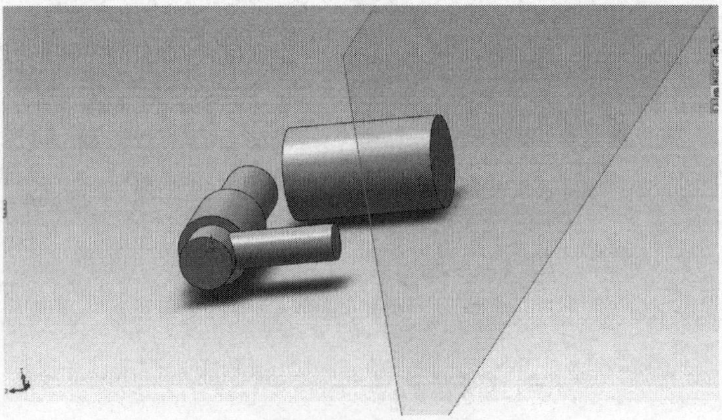

图 4－130　拉伸凸台

（9）绘制草图和拉伸凸台：以第 8 步凸体顶面为基准，绘制如图 4 - 131 所示草图。

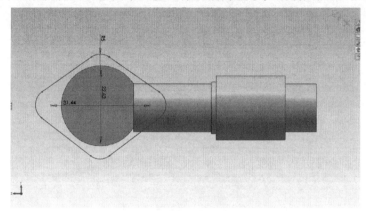

图 4 - 131　绘制草图

选择特征，点击▨（拉伸凸台）工具，给定深度 3mm，如图 4 - 132 所示。

图 4 - 132　拉伸凸台

（10）插入基准面 3：以第 2 步凸体顶面为基准，点击参考几何体下的▨（基准面）工具，选择点和平行面，如图 4 - 133 所示。

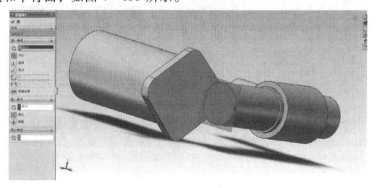

图 4 - 133　插入基准面 3

（11）插入基准面 4：以第 10 步基准面 3 为基准，点击参考几何体下的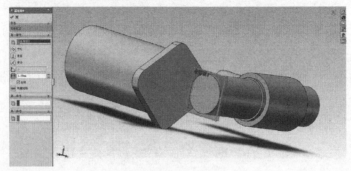（基准面）工具，设置等距距离为 1.5mm，点选反向，如图 4 - 134 所示。

图 4 - 134　插入基准面 4

（12）绘制草图和拉伸凸台：以第 11 步基准面 4 为基准，选用⊚（圆）工具，绘制图形，直径为 25mm，如图 4 - 135 所示。

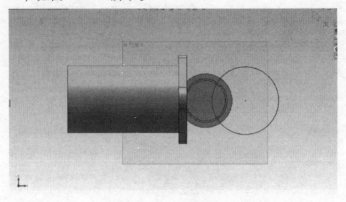

图 4 - 135　绘制草图

选择特征，点击▣（拉伸凸台）工具，给定深度 3mm，如图 4 - 136 所示。

图 4 - 136　拉伸凸台

（13）倒圆角：点击▣（圆角）工具，选中凸体边缘，设置半径为 2mm，如图 4 - 137

所示。

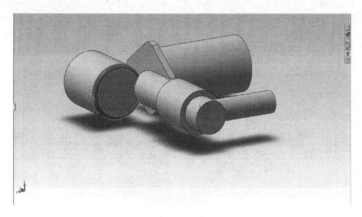

图 4 - 137　倒圆角

（14）插入基准面 5：以第 8 步凸体顶面为基准，点击参考几何体下的 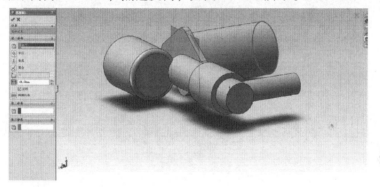（基准面）
工具，设置等距距离为 43.5mm，点选反向，如图 4 - 138 所示。

图 4 - 138　插入基准面 5

（15）绘制草图和拉伸凸台：以第 14 步基准面 5 为基准，选用 （圆）工具，绘制
图形，直径为 25mm，如图 4 - 139 所示。

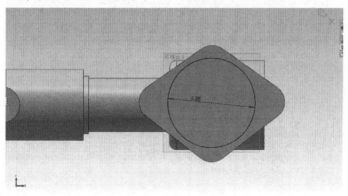

图 4 - 139　绘制草图

选择特征，点击▣（拉伸凸台）工具，给定深度15mm，如图4-140所示。

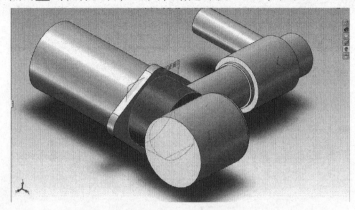

图4-140　拉伸凸台

（16）倒圆角：点击▣（圆角）工具，设置半径为2mm，如图4-141所示。

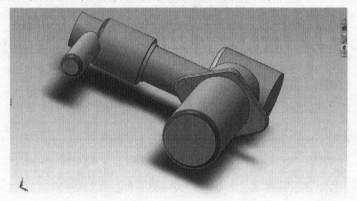

图4-141　倒圆角

同样方法，圆角半径为0.2mm，如图4-142所示。

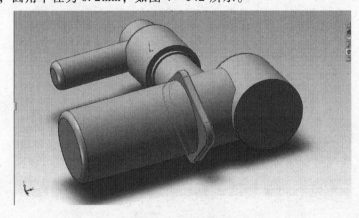

图4-142　倒圆角

（17）绘制草图和拉伸凸台：以第12步凸体顶面为基准，绘制图形，如图4-143

所示。

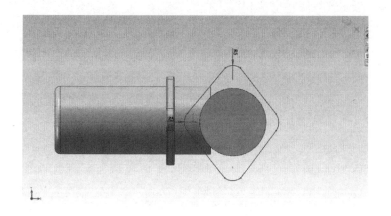

图 4 - 143　绘制草图

选择特征，点击 ⬚（拉伸凸台）工具，给定深度 4mm，如图 4 - 144 所示。

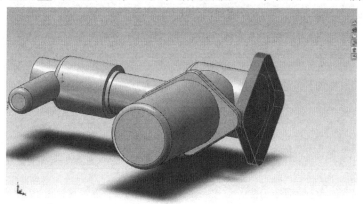

图 4 - 144　拉伸凸台

（18）插入基准面 6：以第 17 步凸体顶面为基准，点击参考几何体下的 ⬚（基准面）工具，设置等距距离为 0.3mm，如图 4 - 145 所示。

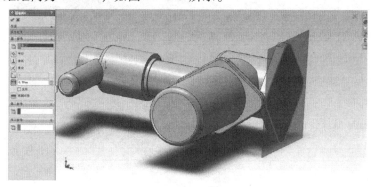

图 4 - 145　插入基准面 6

（19）插入基准面 7：以基准面 1 为基准，点击参考几何体下的 ⬚（基准面）工具，设置等距距离为 70.3mm，如图 4 – 146 所示。

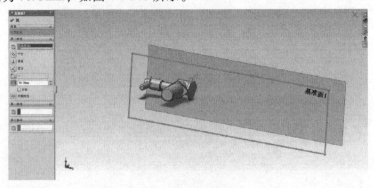

图 4 – 146　插入基准面 7

（20）绘制草图和切除拉伸：以第 19 步基准面 7 为基准，绘制宽度为 0.33mm 的方形，如图 4 – 147 所示。

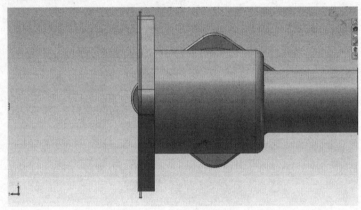

图 4 – 147　绘制草图

选择特征，点击 ▣（拉伸切除）工具，完全贯穿，如图 4 – 148 所示。

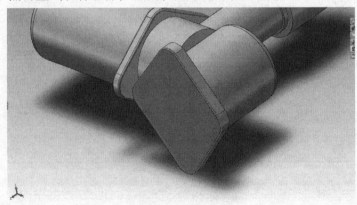

图 4 – 148　切除拉伸

（21）绘制草图和切除拉伸：以第17步凸体顶面为基准，选用 （圆）工具，绘制图形，直径为3.46mm，如图4-149所示。

图4-149　绘制草图

选择特征，点击 （拉伸切除）工具，完全贯穿，如图4-150所示。

图4-150　拉伸切除

（22）绘制草图和拉伸凸台：以第17步凸体顶面为基准，选用 （圆）工具，绘制图形，直径为15mm，如图4-151所示。

图4-151　绘制草图

选择特征，点击 ▣（拉伸凸台）工具，给定深度 190mm，如图 4 - 152 所示。

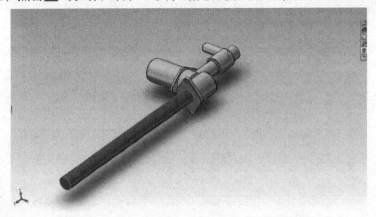

图 4 - 152　拉伸凸台

（23）倒圆角：点击 ▣（圆角）工具，设置半径为 1mm，如图 4 - 153 所示。

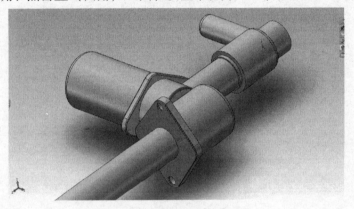

图 4 - 153　倒圆角

（24）插入基准面 8：以上视基准面为基准，点击参考几何体下的 ▨（基准面）工具，设置等距距离为 9.7mm，如图 4 - 154 所示。

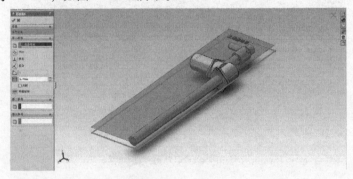

图 4 - 154　插入基准面 8

（25）绘制草图和拉伸凸台：以第 24 步基准面 8 为基准，绘制图形，如图 4 - 155

所示。

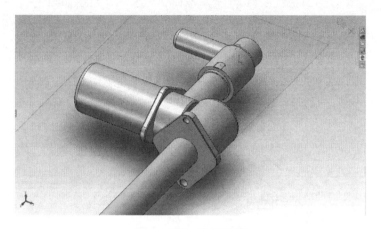

图 4 – 155 绘制草图

选择特征，点击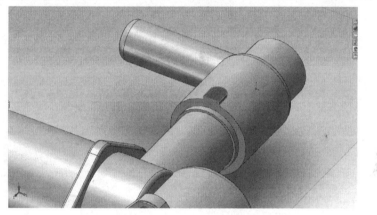（拉伸凸台）工具，给定深度 1mm，如图 4 – 156 所示。

图 4 – 156 拉伸凸台

（26）插入基准面 9：以基准面 8 为基准，点击参考几何体下的▨（基准面）工具，设置等距距离为 8mm，如图 4 – 157 所示。

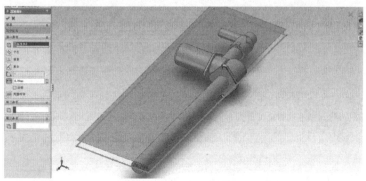

图 4 – 157 插入基准面 9

（27）绘制草图拉伸凸台：以第 26 步基准面 9 为基准，绘制如图 4 - 158 所示图形。

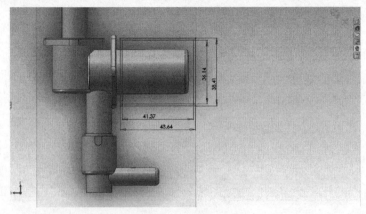

图 4 - 158 绘制草图

选择特征，点击 (拉伸凸台) 工具，给定深度 37mm，如图 4 - 159 所示。

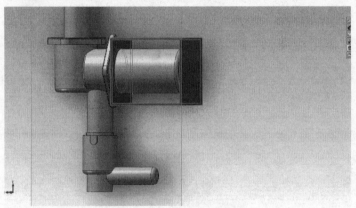

图 4 - 159 拉伸凸台

（28）绘制草图和拉伸凸台：以第 26 步基准面 9 为基准，绘制如图 4 - 160 所示图形。

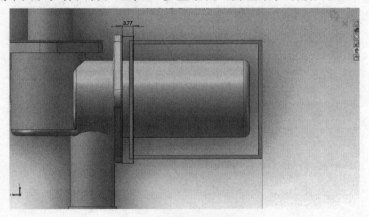

图 4 - 160 绘制草图

选择特征，点击⬜（拉伸凸台）工具，给定深度 40mm，如图 4 – 161 所示。

图 4 – 161　拉伸凸台

（29）绘制草图和拉伸切除：以第 26 步基准面 9 为基准，绘制宽为 0.21mm 的方形，如图 4 – 162 所示。

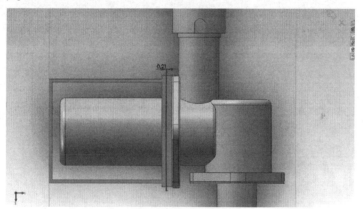

图 4 – 162　绘制草图

选择特征，点击⬜（拉伸切除）工具，完全贯穿，如图 4 – 163 所示。

图 4 – 163　拉伸切除

（30）绘制草图和拉伸切除：以第 28 步凸体顶面为基准，选用▣（圆）工具，绘制图形，直径为 2.39mm，如图 4 - 164 所示。

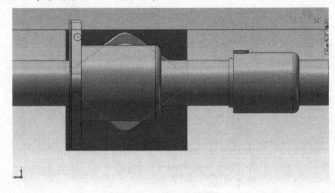

图 4 - 164　绘制草图

选择特征，点击▣（拉伸切除）工具，给定深度 5mm，如图 4 - 165 所示。

图 4 - 165　拉伸切除

（31）绘制草图和切除拉伸：以第 25 步凸体顶面为基准，选用▣（圆）工具，绘制图形，直径为 1.70mm，如图 4 - 166 所示。

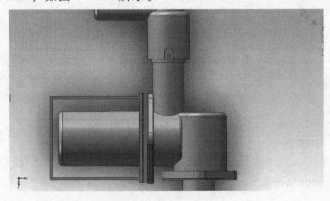

图 4 - 166　绘制草图

选择特征，点击▣（拉伸切除）工具，给定深度 5mm，如图 4 - 167 所示。

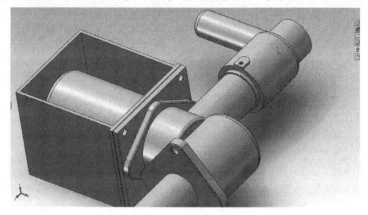

图 4 - 167　拉伸切除

（32）插入基准面 12：以第 22 步凸体顶面为基准，点击参考几何体下的▨（基准面）工具，设置等距距离为 30mm，点选反向，如图 4 - 168 所示。

图 4 - 168　插入基准面 12

（33）插入基准面 13：以右视基准面为基准，点击参考几何体下的▨（基准面）工具，设置等距距离为 14mm，如图 4 - 169 所示。

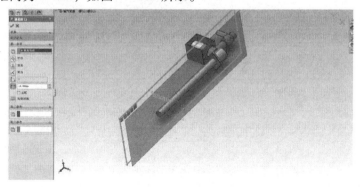

图 4 - 169　插入基准面 13

（34）绘制草图：以基准面 12 为基准，选用◎（圆）工具，绘制图形，直径为

15mm，如图 4 - 170 所示。

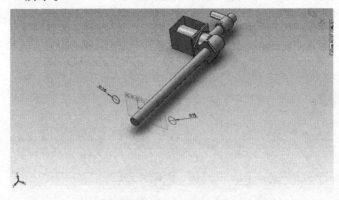

图 4 - 170　绘制草图

（35）绘制草图：以基准面 13 为基准，选用 ⊚（圆）工具，绘制图形，直径为 15.68mm，如图 4 - 171 所示。

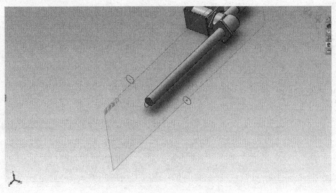

图 4 - 171　绘制草图

（36）3D 草图绘制：点击 （3D 草图）工具，按 Alt 键来改变轴向，绘制曲线，如图 4 - 172所示。

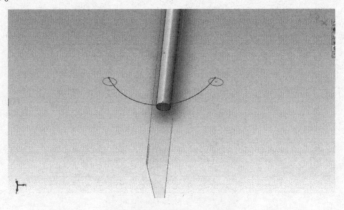

图 4 - 172　绘制 3D 草图

（37）放样：点击 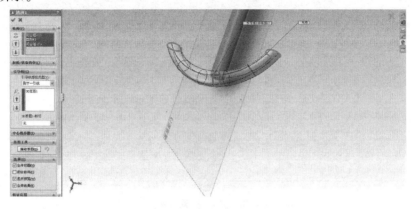（放样）工具，选 3 个圆为轮廓，选上面曲线为路径，如图 4 - 173 所示。

图 4 - 173　放样

（38）绘制草图和拉伸切除：以基准面 8 为基准，绘制图形，如图 4 - 174 所示。

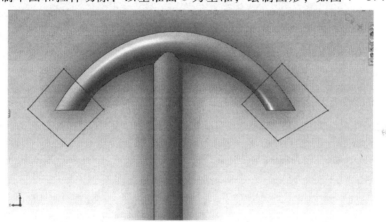

图 4 - 174　绘制草图

选择特征，点击 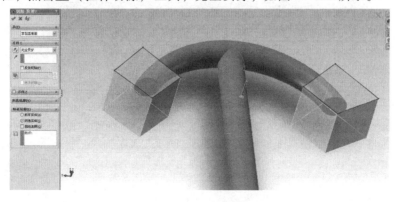（拉伸切除）工具，完全贯穿，如图 4 - 175 所示。

图 4 - 175　切除拉伸

（39）绘制草图和拉伸凸台：以第 38 步切割面为基准，选用 （椭圆）工具，绘制图形，如图 4 – 176 所示。

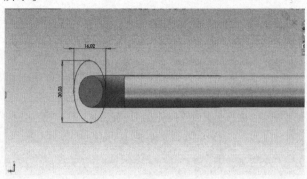

图 4 – 176　绘制草图

选择特征，点击 （拉伸凸台）工具，给定深度 2mm，如图 4 – 177 所示。

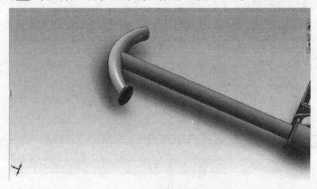

图 4 – 177　拉伸凸台

同样的方法做出另一个，如图 4 – 178 所示，输气管模型制作完毕。

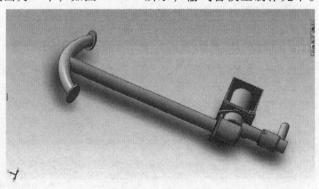

图 4 – 178　输气管模型

4.7　零件 5：固定零件

（1）插入基准面 2：新建一个零件图，以右视基准面为基准，点击参考几何体下的 ◈（基准面）工具，设置等距距离为 21mm，如图 4 – 179 所示。

提示：有时候因为第一个插入错误，因此软件自动生成下一个，所以有时第 1 步就插入基准面 2。

图 4 – 179　插入基准面 2

（2）绘制草图和拉伸凸台：以前视基准面为基准，选用 ◎（圆）工具，绘制图形，直径为 12mm，如图 4 – 180 所示。

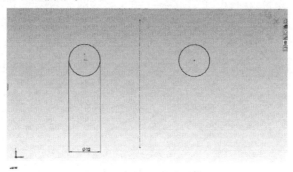

图 4 – 180　绘制草图

选择特征，点击 ◙（拉伸凸台）工具，给定深度 40mm，如图 4 – 181 所示。

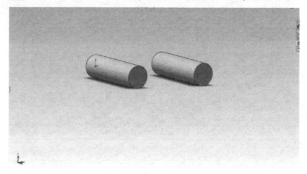

图 4 – 181　拉伸凸台

（3）插入基准面 3：以右视基准面为基准，点击参考几何体下的 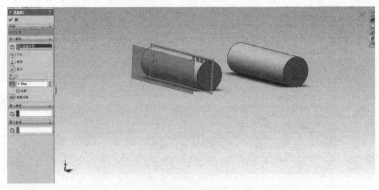 （基准面）工具，设置等距距离为 9mm，点选反向，如图 4 –182 所示。

图 4 –182　插入基准面 3

（4）绘制草图和拉伸凸台：以基准面 3 为基准，选用 （圆）工具，绘制图形，直径为 15mm，如图 4 –183 所示。

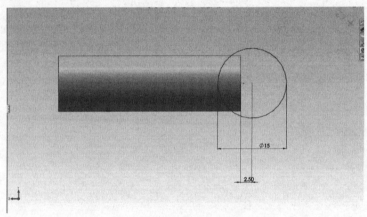

图 4 –183　绘制草图

选择特征，点击 （拉伸凸台），给定深度 457mm，如图 4 –184 所示。

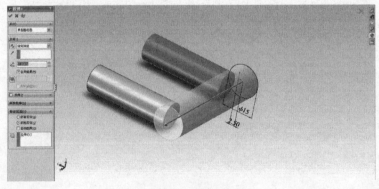

图 4 –184　拉伸凸台

（5）插入基准面 4：以基准面 2 为基准，点击参考几何体下的 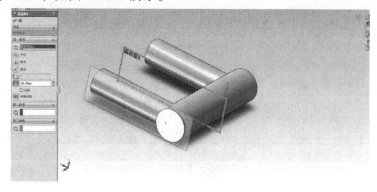（基准面）工具，设置等距距离为 26mm，如图 4 - 185 所示。

图 4 - 185 插入基准面 4

（6）绘制草图和拉伸凸台：以基准面 4 为基准，选用矩形工具，绘制宽为 16mm，长为 23.41mm 图形，如图 4 - 186 所示。

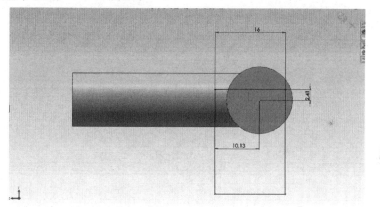

图 4 - 186 绘制草图

选择特征，点击 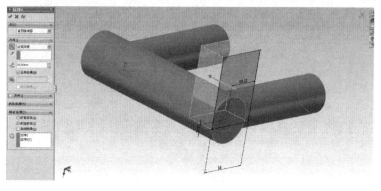（拉伸凸台）工具，给定深度 10mm，如图 4 - 187 所示。

图 4 - 187 拉伸凸台

（7）绘制草图和拉伸凸台：以第 6 步凸体侧面为基准，选用 ◎（圆）工具，绘制图形，直径为 6mm，如图 4 - 188 所示。

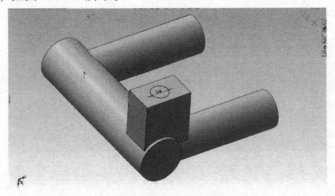

图 4 - 188　绘制草图

选择特征，点击 ▣（拉伸凸台）工具，给定深度 3mm，点选合并结果，如图 4 - 189 所示。

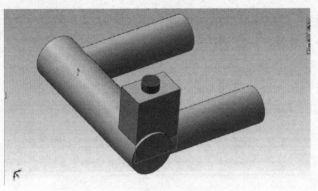

图 4 - 189　拉伸凸台

（8）绘制草图和拉伸凸台：以第 7 步凸体侧面为基准，选用 ◎（圆）工具，绘制图形，直径为 5mm，如图 4 - 190 所示。

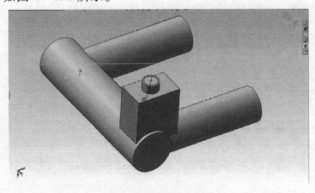

图 4 - 190　绘制草图

选择特征，点击（拉伸凸台）工具，给定深度 2mm，点选"合并结果"，如图 4-191 所示。

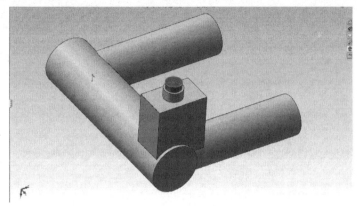

图 4-191　拉伸凸台

（9）倒圆角：点击（圆角）工具，设置半径为 2mm，如图 4-192 所示。

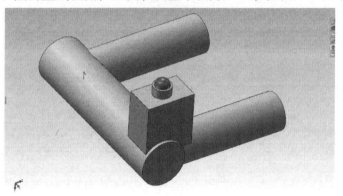

图 4-192　倒圆角

（10）插入基准面 6：以上视基准面为基准，点击参考几何体下的（基准面）工具，设置等距距离为 5mm，如图 4-193 所示。

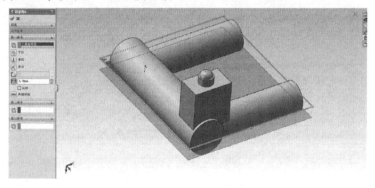

图 4-193　插入基准面 6

（11）绘制草图和切除拉伸：以第4步凸体底面为基准，选用◎（圆）工具，绘制图形，直径为13mm，如图4-194所示。

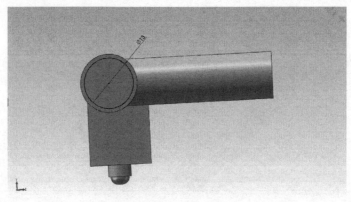

图 4 - 194　绘制草图

选择特征，点击◙（拉伸切除）工具，反侧切除，如图4-195所示。

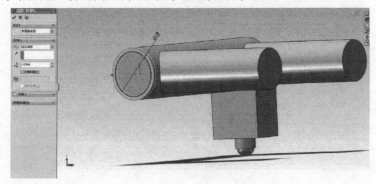

图 4 - 195　拉伸切除

（12）圆顶：点击◙（圆顶）工具，选择面设置参数为2mm，如图4-196所示。

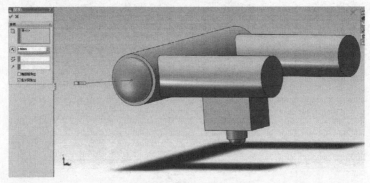

图 4 - 196　圆顶

固定零件制作完毕，如图4-197所示。

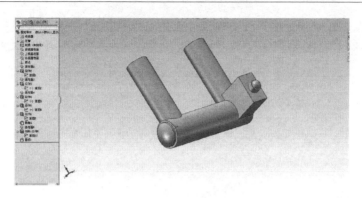

图 4 – 197　固定零件

4.8　零件 6：灶头零件

（1）绘制草图和拉伸凸台：新建一个零件，以上视基准面为基准，以原点为圆心，选用 ⊚（圆）绘制图形，直径为 64mm，如图 4 – 198 所示。

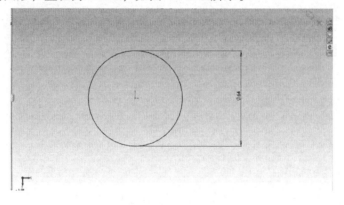

图 4 – 198　绘制草图

选择特征，点击 ⬙（拉伸凸台）工具，给定深度 18mm，点选合并结果，如图 4 – 199 所示。

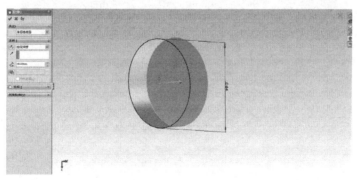

图 4 – 199　拉伸凸台

（2）绘制草图和切除拉伸：以上视基准面为基准选用 ◎ （圆）工具，绘制图形，直径为58mm，如图4－200所示。

图4－200　绘制草图

选择特征，点击 ◎ （拉伸切除）工具，给定深度为12mm，点选"反侧切除"，如图4－201所示。

图4－201　切除拉伸

（3）绘制草图和切除拉伸：以第2步凸体顶面为基准，选用 ◎ （圆）工具，绘制图形，直径为54mm，如图4－202所示。

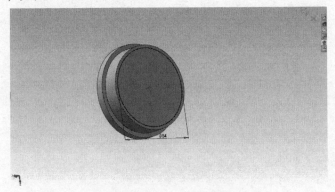

图4－202　绘制草图74

选择特征，点击▣（拉伸切除）工具，完全贯穿，如图 4 - 203 所示。

图 4 - 203　拉伸切除

（4）绘制草图：以第 1 步凸体顶面为基准，选用▣（转换引用实体）工具，选取外边缘，如图 4 - 204 所示。

提示：为后面的放样凸体作准备。

图 4 - 204　绘制草图

（5）绘制草图：以第 1 步凸体顶面为基准，选用▣（圆）工具，绘制图形，直径为 61mm，如图 4 - 205 所示。

提示：为后面的放样切除作准备。

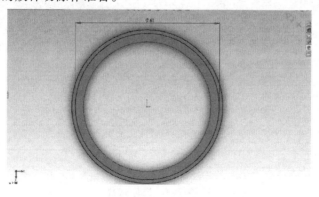

图 4 - 205　绘制草图

（6）插入基准面 1：以上视基准面为基准，点击参考几何体下的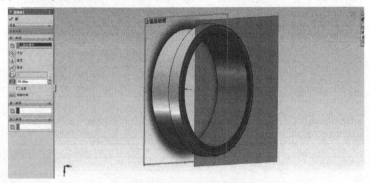（基准面）工具，设置等距距离为 30mm，如图 4 - 206 所示。

图 4 - 206　插入基准面 1

（7）绘制草图和拉伸凸台：以基准面 1 为基准，选用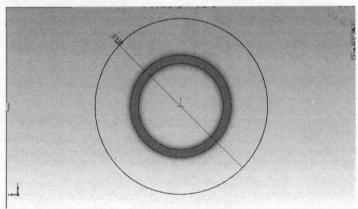（圆）工具，绘制图形，直径为 110mm，如图 4 - 207 所示。

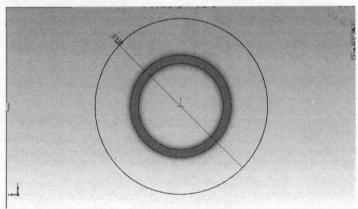

图 4 - 207　绘制草图 77

选择特征，点击（拉伸凸台）工具，给定深度 10mm，如图 4 - 208 所示。

图 4 - 208　拉伸凸台

（8）倒圆角：点击◎（圆角）工具，选取边沿，设置半径为 4mm，如图 4 – 209 所示。

图 4 – 209　倒圆角

（9）绘制草图和拉伸切除：以第 5 步凸体顶面为基准，选用◎（圆）工具，绘制图形，直径为 102mm，如图 4 – 210 所示。

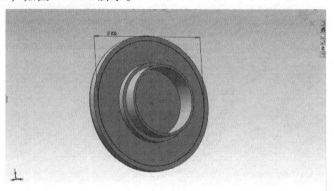

图 4 – 210　绘制草图

选择特征，点击◎（拉伸切除）工具，完全贯穿，如图 4 – 211 所示。

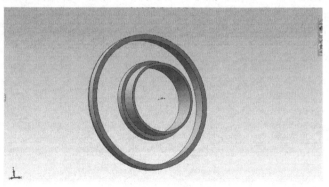

图 4 – 211　拉伸切除

（10）绘制草图和切除拉伸：以第 5 步凸体顶面为基准，选用 ◎（圆）工具，绘制图形，直径为 106mm，如图 4 - 212 所示。

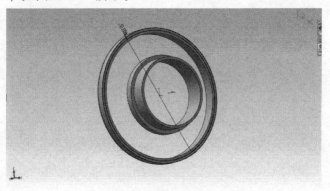

图 4 - 212　绘制草图

选择特征，点击 ◙（拉伸切除）工具，给定深度为 2mm，点选 "反侧切除"，如图 4 - 213 所示。

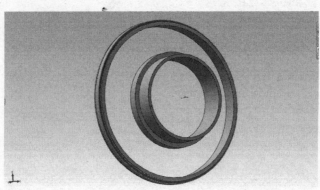

图 4 - 213　切除拉伸

（11）插入基准面 2：以上视基准面为基准，点击参考几何体下的 ◙（基准面）工具，设置等距距离为 29mm，如图 4 - 214 所示。

图 4 - 214　插入基准面 2

（12）绘制草图：以基准面 2 为基准，选用 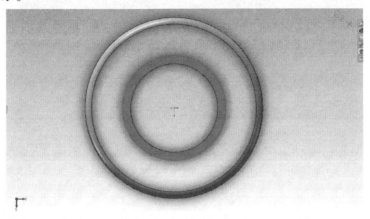（转换引用实体）工具，选取内边缘，如图 4 - 215 所示。

图 4 - 215　绘制草图

（13）放样：点击 （放样）工具，选取第 4 步和第 12 步的圆，如图 4 - 216 所示。

图 4 - 216　放样

（14）绘制草图和拉伸凸台：以放样凸体顶面为基准，选用 （转换引用实体）工具，选取内边缘，如图 4 - 217 所示。

图 4 - 217　绘制草图

选择特征，点击▣（拉伸凸台）工具，给定深度1mm，如图4－218所示。

图 4 – 218　拉伸凸台

（15）草图绘制：以第14步凸体顶面为基准，选用▣（转换引用实体）工具，选取外边缘，如图4－219所示。

图 4 – 219　绘制草图

（16）切除放样：点击▣（切除放样）工具，选取第5步和第15步的圆，如图4－220所示。

图 4 – 220　切除放样

（17）倒圆角：点击▣（圆角）工具，选取线，设置半径为2mm，如图4－221所示。

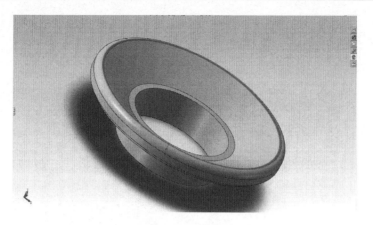

图 4 - 221　倒圆角

（18）绘制草图和拉伸切除：以切除放样底面为基准，选用 ⬛（转换引用实体）工具，选取内边缘，如图 4 - 222 所示。

图 4 - 222　绘制草图

选择特征，点击 ⬛（拉伸切除）工具，给定深度为 5mm，如图 4 - 223 所示，灶头零件制作完毕。

图 4 - 223　拉伸切除

4.9　零件7：灶头零件2

（1）草图绘制：新建一个零件，以右视基准面为基准，绘制草图，如图4-224所示。

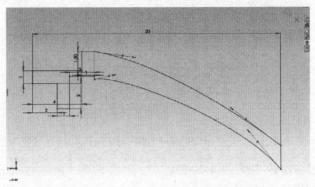

图4-224　绘制草图

（2）旋转薄壁：选择特征，点击![旋转图标]（旋转凸台）工具，旋转实体，如图4-225所示。

图4-225　旋转实体

（3）倒圆角：点击![圆角图标]（圆角）工具，选取边线设置半径为1mm，如图4-226所示，灶头零件2制作完毕。

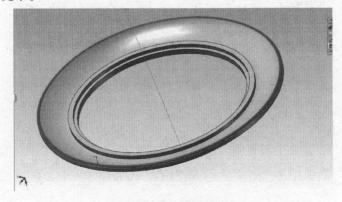

图4-226　倒圆角

4.10 零件 8：支架

（1）绘制草图：新建一个零件，以上视基准面为基准，选择草图工具栏中的 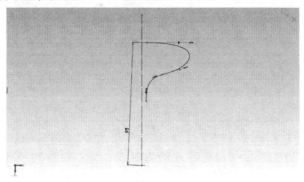（样条曲线）工具，绘制草图，如图 4 - 227 所示。

图 4 - 227 绘制草图

（2）绘制草图：再绘制第二个草图，以右视基准面为基准，绘制草图，如图 4 - 228 所示。

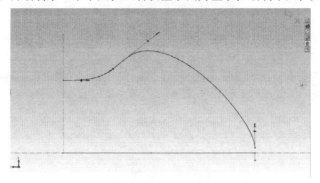

图 4 - 228 绘制草图

（3）投影曲线：在菜单栏中选择 （插入曲线 - 投影曲线）命令，以前两步绘制的两个草图，采取草图到草图的形式，形成空间曲线，如图 4 - 229 所示。

图 4 - 229 投影曲线

（4）插入基准面 1：以空间曲线为基础，结合曲线端点，点击特征工具栏中参考几何体下的 ◇（基准面）工具，插入基准面，如图 4－230 所示。

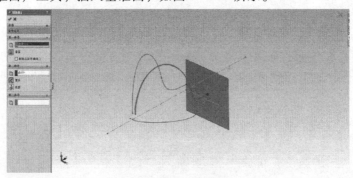

图 4－230　插入基准面 1

（5）绘制草图：以第 4 步生成的基准面为基准，绘制一个直径为 5mm 的圆草图，如图 4－231 所示。

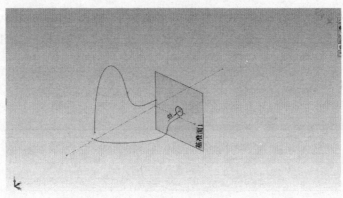

图 4－231　绘制草图

（6）扫描实体：选择特征工具栏中 ⑤（扫描实体）工具，以第 5 步绘制圆为轮廓，空间曲线为路径，扫描形成实体，如图 4－232 所示。

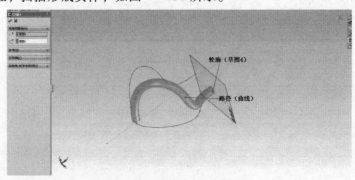

图 4－232　扫描实体

（7）镜像实体：选择特征工具栏中 ▣（镜像）工具，对实体进行镜像，并勾选掉合并实体选项，如图 4 - 233 所示。

图 4 - 233　镜像实体

（8）放样实体：选择特征工具栏中 （放样）工具，对实体进行放样连接，在起始结束约束选项中选择对起始与结束均选择与面相切，在窗口中调整放样控制点在一条直线上，如图 4 - 234 所示。

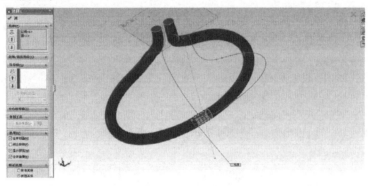

图 4 - 234　放样实体

（9）绘制草图：选择上视基准面，绘制直径为 204mm 和 192mm 的同心圆，如图 4 - 235 所示。

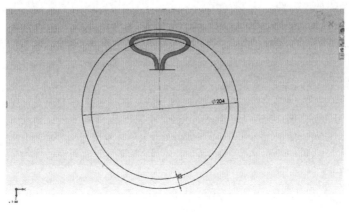

图 4 - 235　绘制草图

（10）拉伸实体：针对第9步绘制草图，选择特征工具栏中的▣（拉伸实体）工具，拉伸实体20mm，方向向下，如图4-236所示。

图4-236　拉伸实体

（11）倒圆角：选择拉伸实体上下两个面，选择特征工具栏中的▣（圆角）工具，倒圆角5mm，如图4-237所示。

图4-237　倒圆角

（12）插入基准面2：选择上视基准面，点击特征工具栏中参考几何体下的▣（基准面）工具，插入基准面，距离12mm，如图4-238所示。

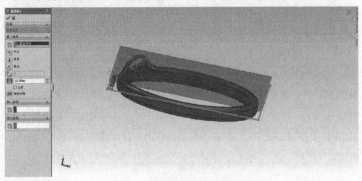

图4-238　插入基准面2

（13）绘制草图：选择新生成基准面 2，绘制直径为 102mm 和 92mm 的同心圆，如图 4 – 239 所示。

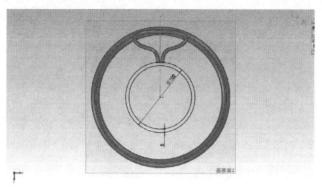

图 4 – 239　绘制草图

（14）拉伸实体：针对第 13 步绘制草图，选择特征工具栏中的 ▣ （拉伸实体）工具，拉伸实体 10mm，方向向上，如图 4 – 240 所示。

图 4 – 240　拉伸实体

（15）倒圆角：选择拉伸实体上下两个面，选择特征工具栏中的 ▣ （圆角）工具，倒圆角 2.5mm，如图 4 – 241 所示。

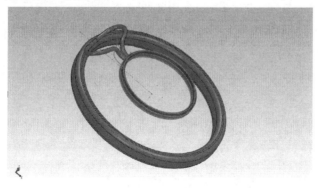

图 4 – 241　倒圆角

（16）圆周阵列：选择特征工具栏中的线性阵列下的 （圆周阵列）工具，在视图菜单栏中调出临时轴，选择放样实体阵列 3 份，勾选等间距，如图 4 - 242 所示。

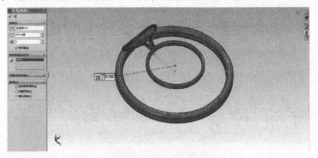

图 4 - 242　圆周阵列

（17）最终支架结果如图 4 - 243 所示。

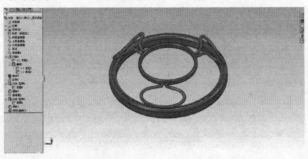

图 4 - 243　支架

4.11　零件 9：面板

需要说明的是，面板的工艺可能是用钢化玻璃，也可能是用钣金冲型，因此设计时要结合工艺来考虑。

（1）绘制草图和拉伸凸台：新建 1 个零件图，以前视基准面为基准，原点为中心，选用矩形工具绘制图形，长为 700mm，宽为 400mm，如图 4 - 244 所示。

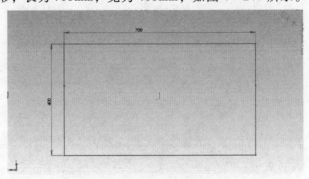

图 4 - 244　绘制草图

选择特征，点击（拉伸凸台）工具，给定深度 8mm，如图 4 – 245 所示。

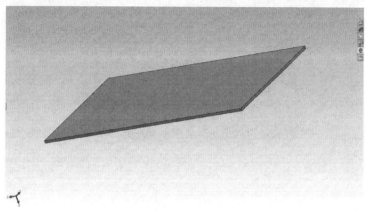

图 4 – 245　拉伸凸台

（2）倒圆角：点击（圆角）工具，选取 4 个棱边，设置半径为 40mm，如图 4 – 246 所示。

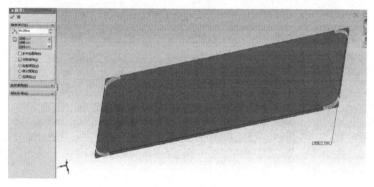

图 4 – 246　倒圆角

（3）倒圆角：点击（圆角）工具，选取上边设置半径为 5mm，如图 4 – 247 所示。

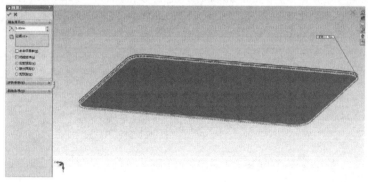

图 4 – 247　倒圆角

（4）绘制中心线：以前视基准面为基准，原点为中心，选用（中心线）工具，绘制图形，如图 4 – 248 所示。

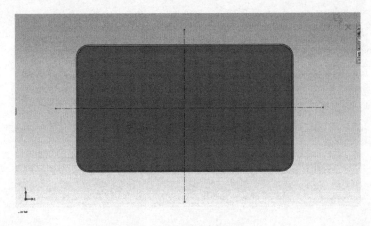

图 4 – 248　绘制中心线

（5）绘制草图和切除拉伸：以第 1 步凸体顶面为基准，选用 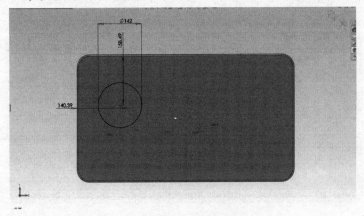（圆）工具，绘制图形，直径为 142mm，如图 4 – 249 所示。

图 4 – 249　绘制草图

选择特征，点击 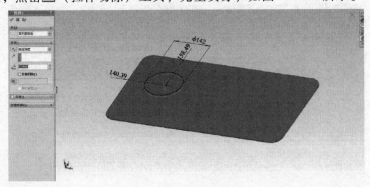（拉伸切除）工具，完全贯穿，如图 4 – 250 所示。

图 4 – 250　切除拉伸

（6）镜像实体：点击 （镜像）工具，以右视基准面为基准，选择第 5 步所做特征，如图 4 – 251 所示。

图 4 - 251　镜像实体

（7）绘制草图和拉伸切除：以第 1 步凸体顶面为基准，选用 ⊚（圆）工具，绘制图形，直径为 190mm 和 210mm，如图 4 - 252 所示。

图 4 - 252　绘制草图

选择特征，点击 ▣（拉伸切除）工具，给定深度为 4mm，如图 4 - 253 所示。

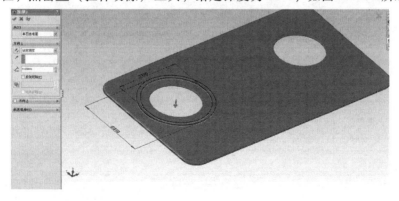

图 4 - 253　切除拉伸

（8）倒角：点击⬚（倒角）工具，选择内边线，角度距离为 25mm，角度为 12°，如图 4－254 所示。

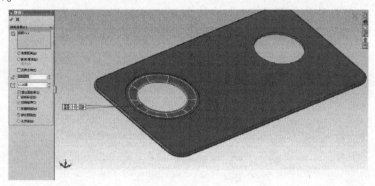

图 4－254　倒角

（9）镜像实体：点击⬚（镜像）工具，以右视基准面为基准，选择第 7 步所做特征，如图4－255 所示。

图 4－255　镜像实体

（10）倒角：点击⬚（倒角）工具，选择内边线，角度距离为 25mm，角度为 12°，如图 4－256 所示。

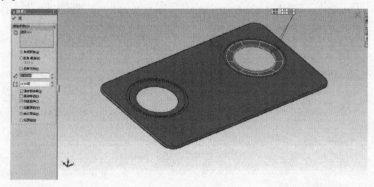

图 4－256　倒角

（11）倒圆角：点击⬚（圆角）工具，选择边线，设置半径为 2mm，如图 4－257 所示。

图 4 – 257　倒圆角

（12）倒圆角：点击 ⬚（圆角）工具，选择边线，设置半径为 1mm，如图 4 – 258 所示，面板制作完成。

图 4 – 258　倒圆角

4.12　装配

将各个零件完成后，新建一个装配体，将各个零件进行装配。

提示：燃气灶里面结构是左右对称，可以先组装好一边再进行镜像。

（1）点击插入零部件，选择底座，以原点为中心左右两边对称，以此作为参考物，右键选择固定，如图 4 – 259 所示。

图 4 – 259　插入底座

（2）点击插入零部件，选择输气管道，以原点为中心长管部分，点击 工具，选取要配合的两个面，使两个零件能够完全配合，如图 4－260 所示。

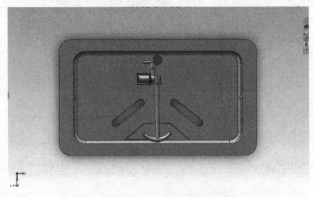

图 4－260　插入输气管道

（3）点击插入零部件，选择固定件，用移动工具进行调整，再点击 工具，选取要配合的两个面，使两个零件能够完全配合，如图 4－261 所示。

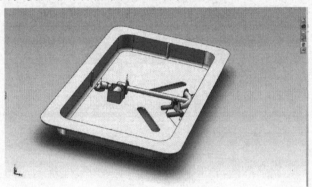

图 4－261　插入固定件

（4）点击插入零部件，选择气阀，用移动工具进行调整，再点击 工具，选取要配合的两个面，使两个零件能够完全配合，如图 4－262 所示。

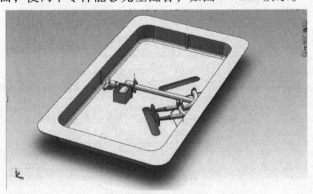

图 4－262　插入气阀

（5）点击插入零部件，选择灶头，用移动工具进行调整，再点击 ▨（配合）工具，选取要配合的两个面，使两个零件能够完全配合，如图 4 – 263 所示。

图 4 – 263　插入灶头

（6）点击插入零部件，选择灶头零件 1，用移动工具进行调整，再点击 ▨（配合）工具，选取要配合的两个面，使两个零件能够完全配合，如图 4 – 264 所示。

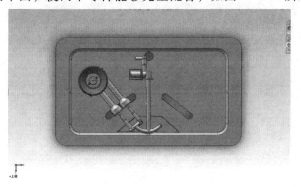

图 4 – 264　插入灶头

（7）点击插入零部件，选择灶头零件 2，用移动工具进行调整，再点击 ▨（配合）工具，选取要配合的两个面，使两个零件能够完全配合，如图 4 – 265 所示。

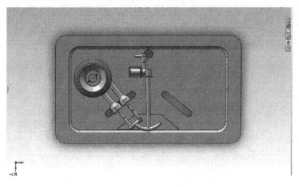

图 4 – 265　插入灶头零件 2

（8）点击 ▨（镜像零部件）工具，选择右视基准面为镜像基准面，在选取要镜像的零件打上对号，如图 4 – 266 所示。

图 4 - 266 镜像零部件

（9）点击插入零部件，选择面板，用移动工具进行调整，再点击▨（配合）工具，选取要配合的两个面，使两个零件能够完全配合，如图 4 - 267 所示。

图 4 - 267 插入面板

（10）点击插入零部件，选择按键，用移动工具进行调整，再点击▨（配合）工具，选取要配合的两个面，使两个零件能够完全配合，如图 4 - 268 所示。

图 4 - 268 插入按键

（11）点击插入零部件，选择支架，用移动工具进行调整，再点击 ![icon]（配合）工具，选取要配合的两个面，使两个零件能够完全配合，如图 4 – 269 所示。

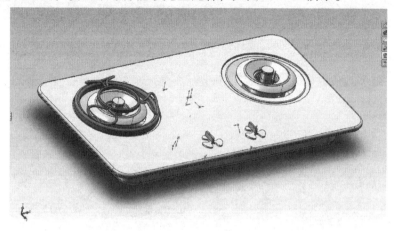

图 4 – 269　插入支架

（12）点击 ![icon]（镜像零部件）工具，选择右视基准面为镜像基准面，在选取要镜像的零件打上对号，如图 4 – 270 所示，燃气灶装配完毕。

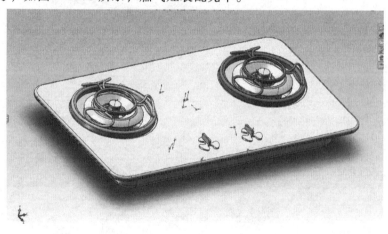

图 4 – 270　镜像支架

第 5 章　高级曲面产品建模

概念草图

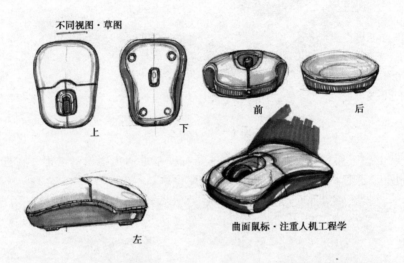

不同视图·草图

上　　下　　前　　后

左

曲面鼠标·注重人机工程学

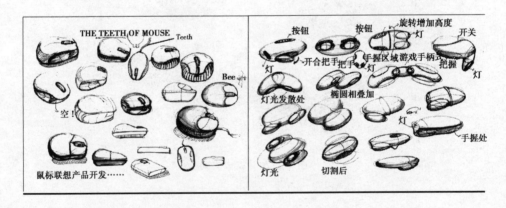

THE TEETH OF MOUSE

Teeth

Bee

空！

鼠标联想产品开发……

按钮　　按钮　　旋转增加高度

灯　　开关

灯　　开合把手把手　　手握区域游戏手柄式　　把握

灯　　灯

灯光发散处　　椭圆相叠加

灯

手握处

灯光　　切割后

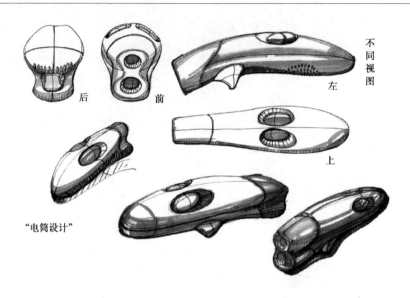

5.1　鼠标建模

【**思路分析**】这是一个左右对称的模型，可以充分利用镜像这个工具来辅助制作，如图 5 - 1 所示。

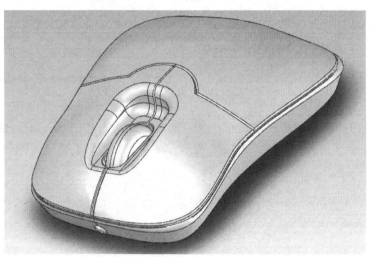

图 5 - 1　鼠标模型

5.1.1　零件 1：下壳

（1）绘制草图 1：新建零件文件，选定上视基准面，点击 ⬚（绘制草图）工具，点击 ⬚（样条曲线）工具，在上视图中绘制曲线 1，如图 5 - 2 所示。

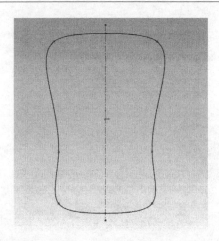

图 5 - 2　绘制草图 1

（2）拉伸曲面：单击曲面工具栏上的 （拉伸曲面）工具，或单击【插入】→【曲面】→【拉伸曲面】，方向为给定深度 40mm，勾选"向外拔模"，如图 5 - 3 所示。

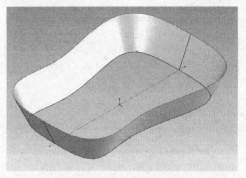

图 5 - 3　拉伸曲面

（3）绘制草图 2：选定右视基准面，点击 （绘制草图）工具，点击 （样条曲线）工具，在右视图中绘制曲线 2，如图 5 - 4 所示。注意新建曲线与曲线 1 的位置关系。

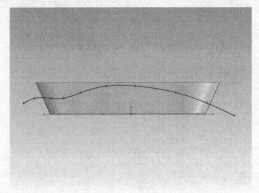

图 5 - 4　绘制草图 2

（4）拉伸曲面：选择【插入】→【曲面】→ （拉伸曲面）工具 ，方向为两侧对称，给定深度 180mm，如图 5 - 5 所示。

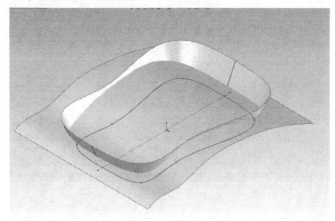

图 5 - 5　拉伸曲面

（5）剪裁曲面：选择【插入】→【曲面】→ （剪裁曲面）工具，剪裁类型：标准；勾选"移除选择"；选择"面—拉伸 1"进行剪裁；曲面分割选项：自然，如图 5 - 6 所示。

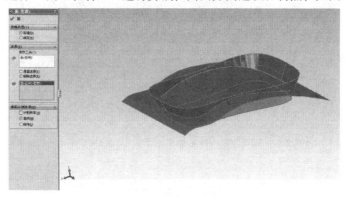

图 5 - 6　剪裁曲面

同理，选择"面—拉伸 2"进行剪裁，得到图 5 - 7 所示。

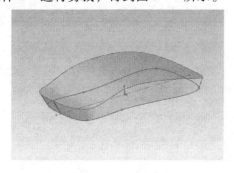

图 5 - 7　剪裁曲面

（6）平面曲面：单击曲面工具栏上的 （平面区域）工具，选择草图 1，制作曲面，如图 5 - 8 所示。

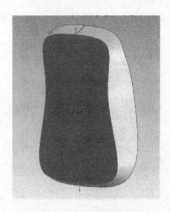

图 5 - 8　平面区域

（7）缝合曲面：单击曲面工具栏上的 🔲（缝合曲面）工具，选中 3 个曲面进行缝合，如图 5 - 9 所示。

提示：这里为上壳模型通用的部分，另存一份文件命名为上壳。

图 5 - 9　缝合曲面

（8）倒圆角：点击 🔘（圆角）工具，选择面圆角，半径为 3mm，如图 5 - 10 所示。

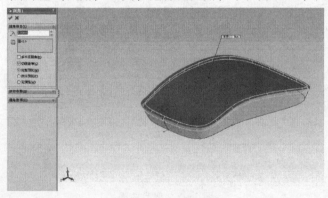

图 5 - 10　倒圆角

如上对鼠标的下底面进行倒圆角，半径为 3mm，得到模型，如图 5-11 所示。

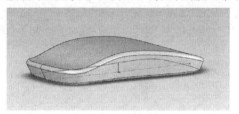

图 5-11 倒圆角

（9）绘制草图 3：选择模型底面作为基准面，点击⊚（圆）工具，绘制 4 个直径为 12mm 的圆，如图 5-12 所示。

（10）拉伸凸台：选择特征，点击🗔（拉伸凸台）工具，给定深度 1.5mm，如图 5-13 所示。

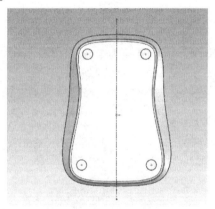
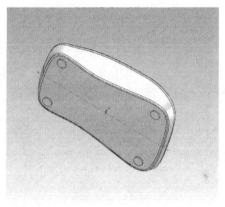

图 5-12 绘制草图　　　　　　　　　**图 5-13 拉伸凸台**

（11）倒圆角：选择⊚（圆角）工具，选择面圆角，半径为 0.5mm，如图 5-14 所示。

（12）绘制草图 4：选择模型底面作为基准面，绘制草图，如图 5-15 所示。

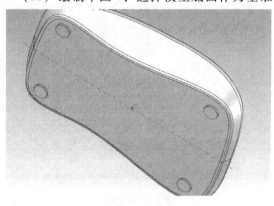
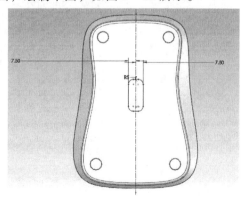

图 5-14 倒圆角　　　　　　　　　**图 5-15 绘制草图**

（13）拉伸切除：使用◙（拉伸切除）工具，进行拉伸切除5mm，如图5-16所示。

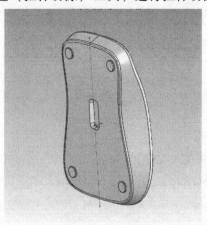

图5-16 切除拉伸

（14）倒圆角：选择◙（圆角）工具，选择面圆角，半径为3mm，如图5-17所示。对拉伸切除的内部边缘进行倒圆角，半径为3mm，如图5-18所示。

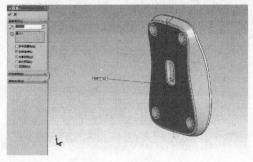

图5-17 倒圆角　　　　　　　　　　**图5-18 倒圆角**

（15）绘制草图5：选择槽内部底面作为基准面，绘制草图圆，如图5-19所示。

（16）拉伸切除：使用◙（拉伸切除）工具进行拉伸切除6mm，得到图5-20。

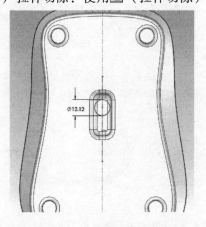

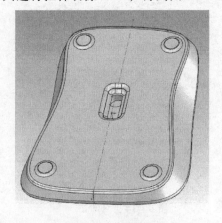

图5-19 绘制草图5　　　　　　　　**图5-20 拉伸切除**

（17）拉伸凸台：选择槽内部底面作为基准面，绘制草图圆，直径为 3mm，使用![img](拉伸凸台）工具，给定深度 6mm，得到模型，如图 5 - 21 所示。

（18）倒圆角：选择![img]（圆角）工具，选择面圆角，对拉伸的凸台边缘进行倒圆角，半径为 3mm，如图 5 - 22 所示。

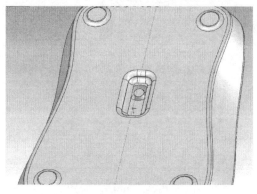

图 5 - 21　拉伸凸台

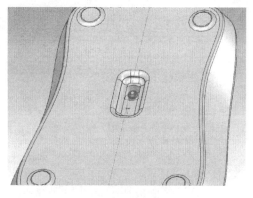

图 5 - 22　倒圆角

继续倒圆角，半径为 0.1mm，得到模型，如图 5 - 23 所示。

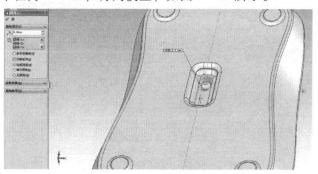

图 5 - 23　倒圆角

（19）插入基准面 1：以前视基准面为基准，制作基准面，距离为 110mm，如图 5 - 24 所示。

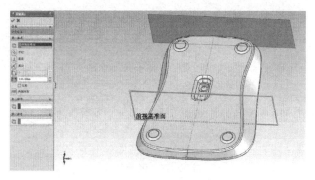

图 5 - 24　插入基准面 1

（20）绘制草图：选择新建的基准面，选择 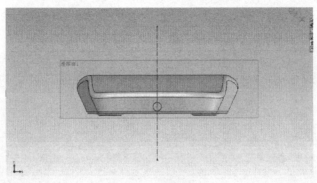（圆）工具，绘制草图，如图 5 – 25 所示。

图 5 – 25　绘制草图

（21）拉伸切除：使用 ▣（拉伸切除）工具，进行拉伸切除 36mm，如图 5 – 26 所示。

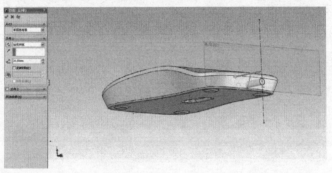

图 5 – 26　拉伸切除

（22）倒圆角：选择 ▣（圆角）工具，对拉伸切除的凸台边缘进行倒圆角，内边缘圆角半径为 1mm，外边缘圆角半径为 0.5mm，如图 5 – 27 所示。

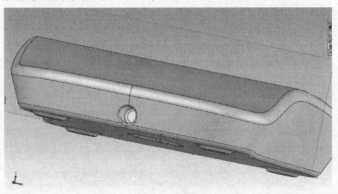

图 5 – 27　倒圆角

5.1.2　零件2：上壳

（1）打开下壳建模中存储的上壳部分，如图 5 - 28 所示。

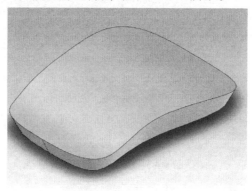

图 5 - 28　打开上壳部分

（2）制作基准面 1、3：选择上视基准面，制作 2 个基准面，左右距离上视基准面都为 51mm，如图 5 - 29 所示。

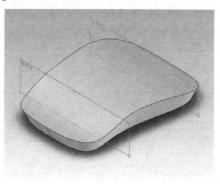

图 5 - 29　插入基准面 1、3

（3）绘制草图 7：选择右视基准面作为基准面，绘制草图，如图 5 - 30 所示。
选择基准面 1，绘制另一草图，如图 5 - 31 所示。
提示：曲线起始点与上图绘制的草图是穿透关系。

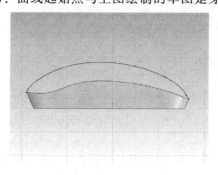 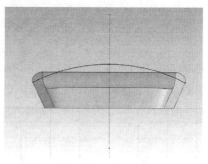

图 5 - 30　绘制草图　　　　　　　**图 5 - 31　绘制草图**

选择前视基准面，绘制草图 9，如图 5 – 32 所示。

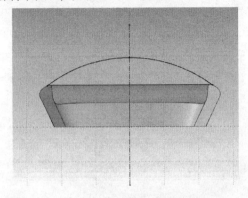

图 5 – 32　绘制草图 9

选择基准面 1，绘制草图 10，如图 5 – 33 所示。

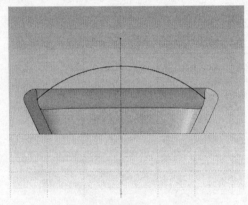

图 5 – 33　绘制草图 10

　　（4）填充曲面：选中 ▣（曲面填充）工具，选择如图所示的曲线为修补边界曲线，选择第（3）步绘制的 4 条曲线为约束曲线，如图 5 – 34 所示。

图 5 – 34　填充曲面

继续使用 ▣（曲面填充）工具，选择如图所示的曲线为修补边界曲线，如图 5 – 35

所示。

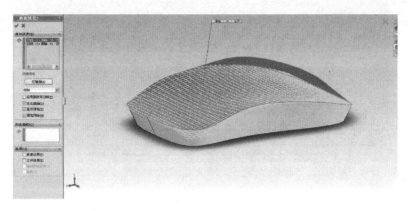

图 5 - 35　曲面填充

（5）缝合曲面：选中🔲（缝合曲面）工具，将上面 2 个填充曲面进行缝合，如图 5 -
36 所示。

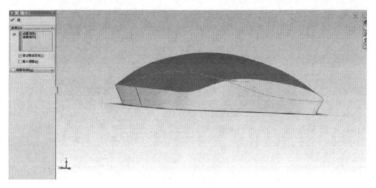

图 5 - 36　缝合曲面

（6）倒圆角：选择🔲（圆角）工具，对缝合曲面的边缘进行倒圆角，半径为 1mm，
如图 5 - 37 所示。

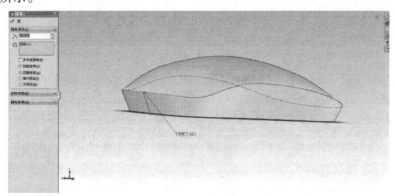

图 5 - 37　倒圆角

（7）绘制草图 11：选择右视基准面作为基准面，绘制草图，如图 5 - 38 所示。

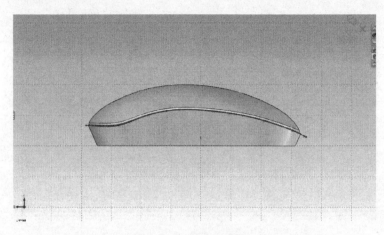

图 5 – 38　绘制草图 11

（8）切除 – 拉伸 – 薄壁：使用▣（拉伸切除）工具，对刚刚缝合的曲面进行拉伸切除，方向 1 为完全贯穿，勾选反侧切除，方向 2 也为完全贯穿，薄壁特征的方向为单向、厚度为 50mm，特征范围为所选缝合曲面，如图 5 – 39 所示。

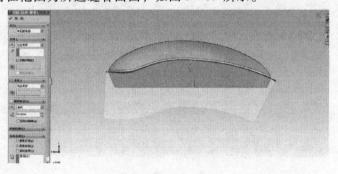

图 5 – 39　拉伸切除

（9）绘制草图 12 和切除 – 拉伸 – 薄壁：选择上视基准面作为基准面，绘制草图，如图 5 – 40 所示。

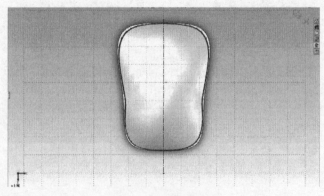

图 5 – 40　绘制草图 12

使用▣（拉伸切除）工具，进行拉伸切除，方向 1 为给定深度 50mm，薄壁特征的方向为单向、厚度为 5mm，特征范围为圆角 1 和刚刚得到的切除 – 拉伸 – 薄壁 1，如图 5 – 41 所示。

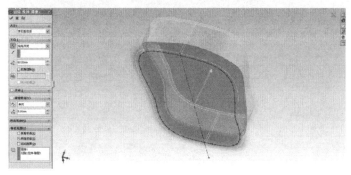

图 5 – 41　拉伸切除

（10）制作基准面 4：选择上视基准面，制作 1 个基准面，等距距离为 60mm，如图 5 – 42 所示。

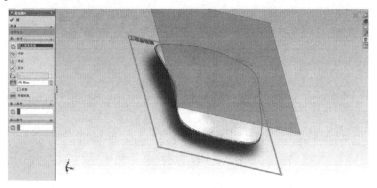

图 5 – 42　插入基准面 4

（11）绘制草图 13：选择上图绘制的基准面作为基准面，绘制草图，如图 5 – 43 所示。

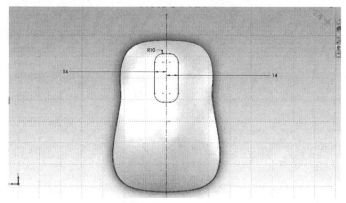

图 5 – 43　绘制草图 13

（12）拉伸切除：使用 ▨（拉伸切除）工具，进行拉伸切除，方向为给定深度 25mm，

拔模 2.00°，特征范围为切除 – 拉伸 – 薄壁 2 ［1］，如图 5 – 44 所示。

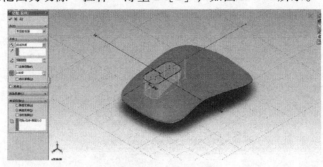

图 5 – 44　拉伸切除

（13）倒圆角：选择 （圆角）工具，对第（9）步中切除凸台的凹槽边缘进行倒圆角，半径为 5mm，如图 5 – 45 所示。

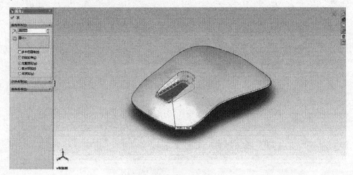

图 5 – 45　倒圆角

（14）绘制草图 14 并切除拉伸：在第（10）步绘制的基准面上，绘制草图，如图 5 – 46 所示。

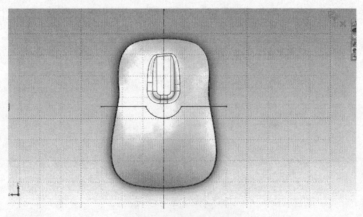

图 5 – 46　绘制草图

使用 （拉伸切除）工具，进行拉伸切除，方向为给定深度 50mm，薄壁特征的方向为两侧对称，厚度为 0.5mm，特征范围为切除 – 拉伸 – 薄壁 2 ［2］，圆角 2，如图 5 – 47

所示。

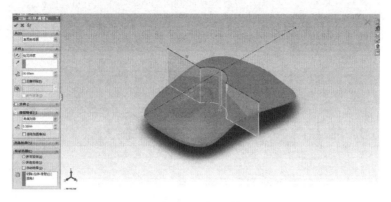

图 5 - 47　拉伸切除

（15）倒圆角：选择 （圆角）工具，对第（14）步中拉伸切除的边缘进行倒圆角，半径为 1mm，如图 5 - 48 所示。

图 5 - 48　倒圆角

（16）绘制草图 15 并拉伸切除和倒圆角：绘制草图，如图 5 - 49 所示。

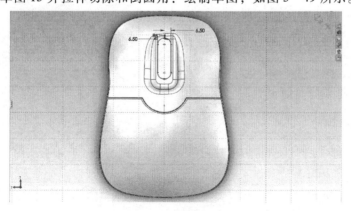

图 5 - 49　绘制草图

使用 （拉伸切除）工具，进行拉伸切除，方向为给定深度，距离为 50mm，如图 5 - 50所示。

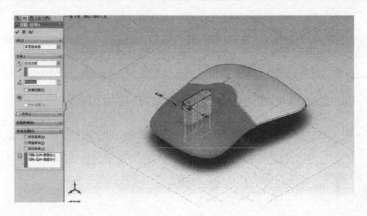

图 5 – 50　拉伸切除

选择 （圆角）工具，对拉伸切除的边缘进行倒圆角，半径为 0.5mm，如图 5 – 51 所示。

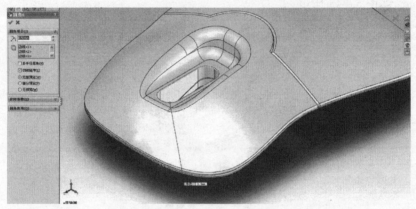

图 5 – 51　倒圆角

（17）拉伸切除和倒圆角：绘制草图 16，宽 1mm，如图 5 – 52 所示。

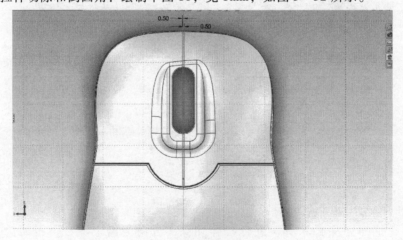

图 5 – 52　绘制草图 16

拉伸切除，如图 5 - 53 所示。

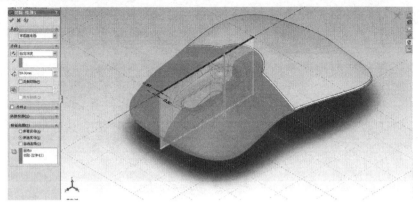

图 5 - 53　拉伸切除

倒圆角，半径为 0.5mm，如图 5 - 54 所示。

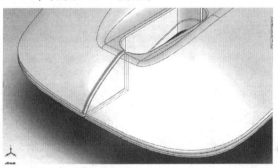

图 5 - 54　倒圆角

5.1.3　零件 3：滚轮

（1）绘制草图 17：选择上视基准面作为基准面，绘制草图圆，直径为 40mm，如图 5 - 55 所示。

（2）拉伸凸台：半径为 12mm，如图 5 - 56 所示。

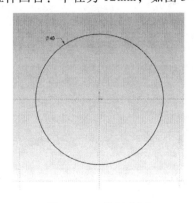
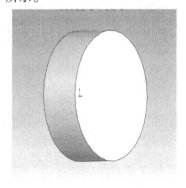

图 5 - 55　绘制草图　　　　　　　图 5 - 56　拉伸凸台

（3）倒圆角：选择 ⊡（圆角）工具，对凸台边缘进行倒圆角，半径为 12mm，如图 5 - 57 所示。

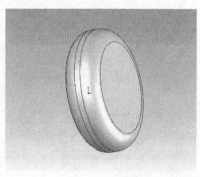

图 5 - 57　倒圆角

5.1.4　装配

（1）选择插入零部件，将下壳导入，作为固定零件，如图 5 - 58 所示。

（2）插入上壳零件，如图 5 - 59 所示。

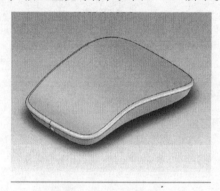

图 5 - 58　插入下壳零件

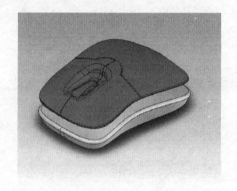

图 5 - 59　插入上壳零件

（3）插入滚轮零件，完成装配，如图 5 - 60 所示。

图 5 - 60　插入滚轮零件

5.2　手电筒建模

【思路分析】 这是多零件配合的实体建模, 如图 5 - 61 所示, 既然是配合, 很多部件就是可以通用的, 在建模之前把思路理清楚, 预先将可以重复使用的零件保存, 可以事半功倍。

图 5 - 61　手电筒模型

5.2.1　零件 1：整体

(1) 绘制草图 1：新建一个零件文件, 命名为 "整体", 以右视图为基准面, 点击 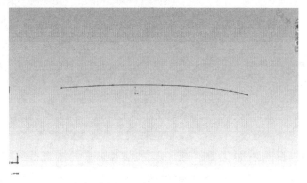（样条曲线）工具, 画出如图 5 - 62 所示的曲线。

图 5 - 62　绘制草图 1

(2) 插入基准面 1：点击 ▧（参考几何体）工具, 再点击 ▨（基准面）工具, 先点击第 (1) 步所绘草图 1, 再点击草图 1 的端点, 如图 5 - 63 所示。

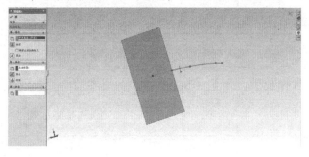

图 5 - 63　插入基准面 1

（3）绘制草图 2：以基准面 1 为基准，点击 ▓（点）工具，画出如图 5 – 64 所示的点。

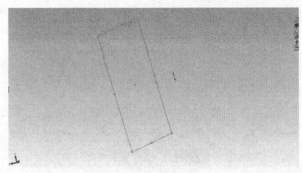

图 5 – 64　绘制草图 2

（4）插入基准面 2：点击 ▓（参考几何体）工具，再点击 ▓（基准面）工具。选择前视基准面距离为 60mm，得到基准面 2，如图 5 – 65 所示。

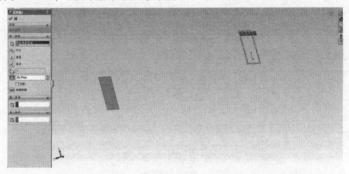

图 5 – 65　插入基准面 2

（5）绘制草图 3：以基准面 2 为基准，以原点为中心，用直线工具画出中心线。再点击 ▓（样条曲线）工具，画出如图 5 – 66 所示的曲线。

提示：画出一半镜像。

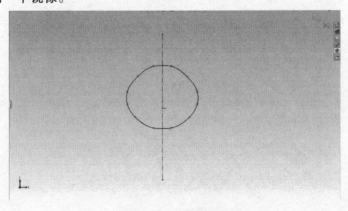

图 5 – 66　绘制草图 3

（6）插入基准面 3：点击 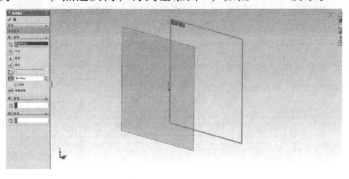（参考几何体）工具，再点击 （基准面）工具。选择基准面 2，距离为 80mm，点选反向，得到基准面 3，如图 5 - 67 所示。

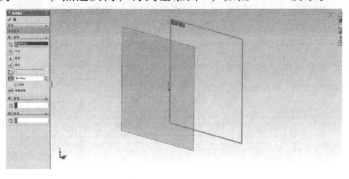

图 5 - 67　插入基准面 3

（7）绘制草图 4：以基准面 3 为基准，选中草图 3，再点击 （等距实体）工具，在属性栏输入数据为 5mm，如图 5 - 68 所示。

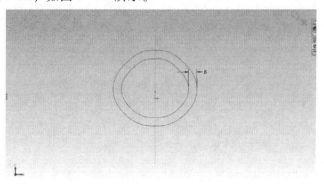

图 5 - 68　绘制草图 4

（8）插入基准面 4：点击 （参考几何体）工具，再点击 （基准面）工具。先点击第（1）步所绘草图 1，再点击草图 1 的另一端点，如图 5 - 69 所示。

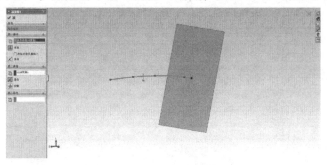

图 5 - 69　插入基准面 4

（9）绘制草图 5：以基准面 4 为基准，以原点为中心，用直线工具画出中心线。再点击 （样条曲线）工具，画出如图 5 - 70 所示的曲线。

提示：画出一半镜像。

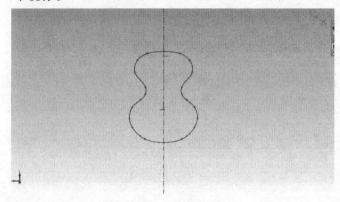

图 5 - 70　绘制草图 5

（10）绘制草图 6：以右视图为基准，点击 ◩（样条曲线）工具，画出如图 5 - 71 所示的曲线。

提示：曲线和上面所画曲线相交。

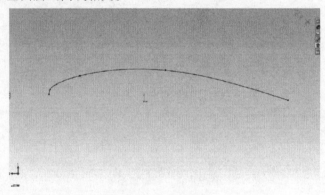

图 5 - 71　绘制草图 6

（11）绘制草图 7：用与第（8）步所绘草图 6 同样的方法绘制草图 7，如图 5 - 72 所示。

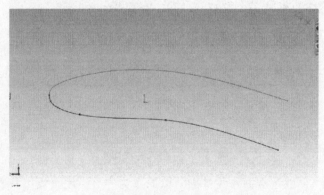

图 5 - 72　绘制草图 7

（12）绘制草图 8：用与绘制草图 6、草图 7 同样的方法绘制草图 8，如图 5 – 73 所示。

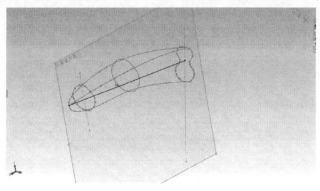

图 5 – 73　绘制草图 8

（13）插入基准面 5：点击 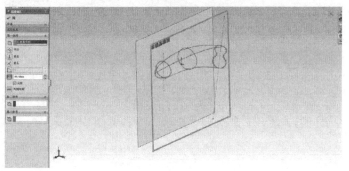（参考几何体）工具，再点击 （基准面）工具。选择右视基准面，距离是 40mm，点选反向，如图 5 – 74 所示。

图 5 – 74　插入基准面 5

（14）绘制草图 9：以基准面 5 为基准，选中第（10）步所绘的草图 8，点选 （转换实体引用）工具，得出草图 9，如图 5 – 75 所示。

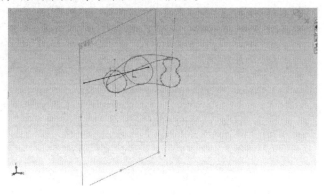

图 5 – 75　绘制草图

（15）插入基准面 6：点击 （参考几何体）工具，再点击 （基准面）工具。在左边的属性栏中点选 （通过直线/点）工具，再依次点选草图 9 的端点和草图 8 整条线，得到基准面 6, 如图 5 - 76 所示。

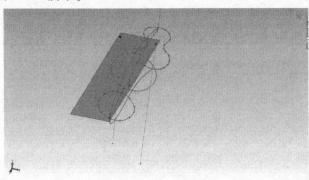

图 5 - 76　插入基准面 6

（16）绘制草图 10：以基准面 6 为基准，画出曲线，如图 5 - 77 所示。

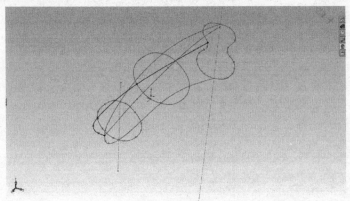

图 5 - 77　绘制草图 10

（17）绘制草图 11：用与绘制草图 10 同样的方法，画出曲线，如图 5 - 78 所示。

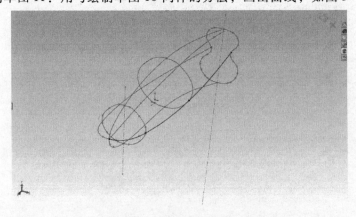

图 5 - 78　绘制草图 11

（18）放样：点 ▣（放样凸台/基体）工具，左边属性栏轮廓选项，从菜单栏选出草图 2、草图 3、草图 4、草图 5。在引导线选项，从菜单栏选出草图 6、草图 7、草图 10、草图 11，如图 5 - 79 所示。

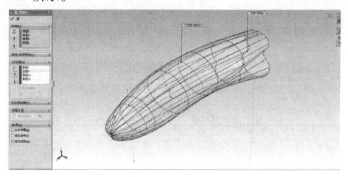

图 5 - 79　放样

（19）平面曲面：单击曲面工具栏上的 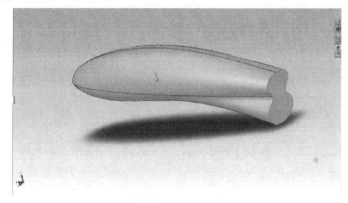（平面区域）工具，选择草图 1，制作曲面，如图 5 - 80 所示。

图 5 - 80　平面曲面

（20）缝合曲面；选中 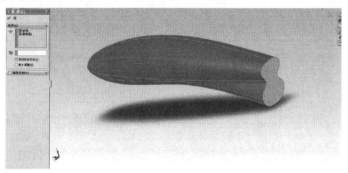（缝合曲面）工具，将上面的放样曲面与平面曲面进行缝合，如图 5 - 81 所示。

图 5 - 81　缝合曲面

整体部分的最终效果，如图 5 - 82 所示。

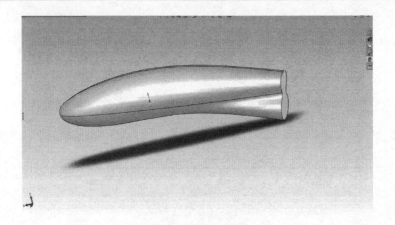

图 5 - 82　整体手柄零件

5.2.2　零件 2：前下半段

（1）绘制草图 12：打开零件 1，在此基础上，以右视图为基准，点击 ▧（样条曲线）工具，画出曲线，如图 5 - 83 所示。

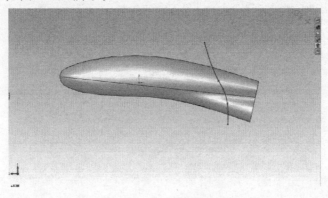

图 5 - 83　绘制草图

（2）拉伸切除：点击 ▣（拉伸切除）工具，如图 5 - 84 所示。

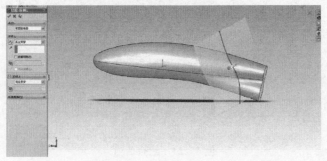

图 5 - 84　拉伸切除

（3）绘制草图：以右视图为基准，点击 ▧（样条曲线）工具，画出曲线，如图 5 - 85

所示。

　　提示：最好另存一个文件，后面零件会用到。

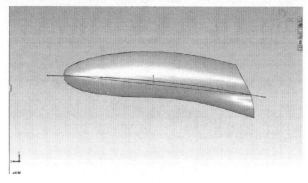

图 5 – 85　绘制草图

（4）拉伸切除：点击 ◙（拉伸切除）工具，如图 5 – 86 所示。

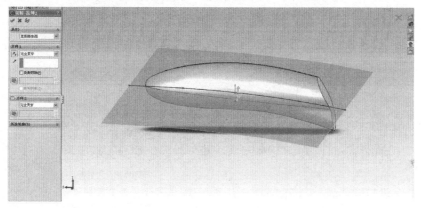

图 5 – 86　拉伸切除

（5）圆角：点击 ◙（圆角）工具，大小为 0.2mm，如图 5 – 87 所示。

图 5 – 87　倒圆角

点击 ◙（圆角）工具，大小为 0.3mm，如图 5 – 88 所示。

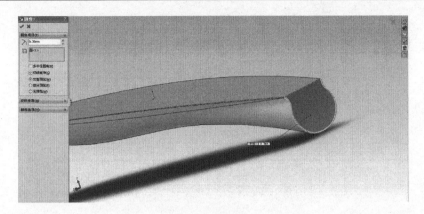

图 5 – 88　倒圆角

（6）绘制草图 14：以右视图为基准，点击 （样条曲线）工具，画出曲线，如图 5 –89所示。

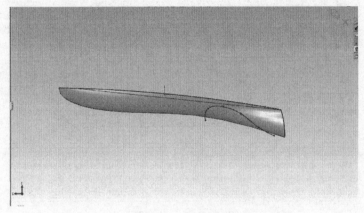

图 5 – 89　绘制草图

（7）拉伸切除：点击 （拉伸切除）工具，如图 5 –90 所示。

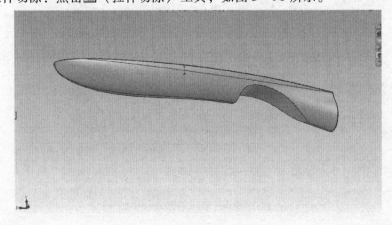

图 5 – 90　拉伸切除

（8）圆角：点击 （圆角）工具，大小为 0.5mm，如图 5 - 91 所示。

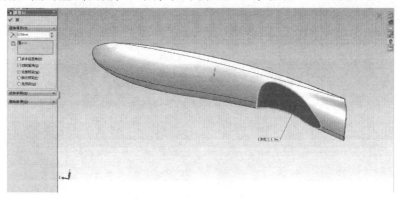

图 5 - 91 倒圆角

（9）插入基准面 7：点击 （参考几何体）工具，再点击 （基准面）工具。选择基准面 6 距离为 5mm，点选反向，如图 5 - 92 所示。

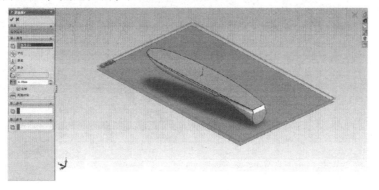

图 5 - 92 插入基准面 7

（10）绘制草图 15：以基准面 7 为基准，以原点为中心，用直线工具画出中心线。用画圆工具画出如图 5 - 93 所示图形。

提示：可以用阵列工具。

（11）拉伸凸台：点 （拉伸凸台）工具，做出如图 5 - 94 所示图形。

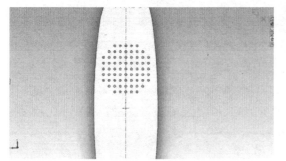

图 5 - 93 绘制草图 15

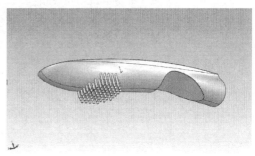

图 5 - 94 拉伸凸台

（12）绘制草图 18：以右视基准面为基准，用直线工具画出直线，如图 5 - 95 所示。

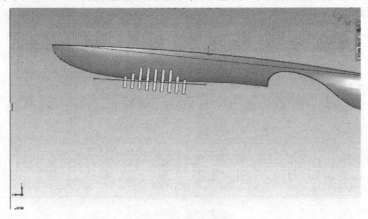

图 5 - 95 绘制草图 18

（13）插入基准面 8：点击 ✎（参考几何体）工具，再点击 ▨（基准面）工具。点选草图 18 及一端点，如图 5 - 96 所示。

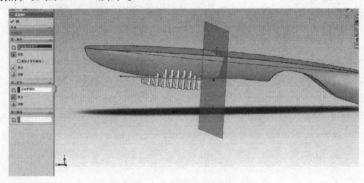

图 5 - 96 插入基准面 18

（14）绘制草图 19：以基准面 8 为基准，用圆弧工具画出直线，如图 5 - 97 所示。

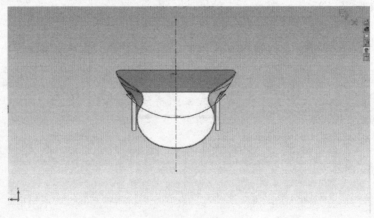

图 5 - 97 绘制草图

（15）拉伸切除：点击⊡（拉伸切除）工具，如图 5 - 98 所示。

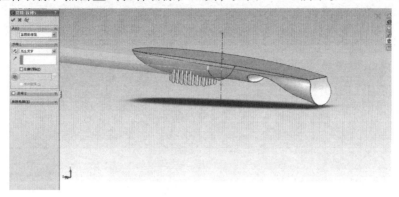

图 5 - 98　拉伸切除

（16）圆角：点击⊡（圆角）工具，大小为 0.6mm，如图 5 - 99 所示。

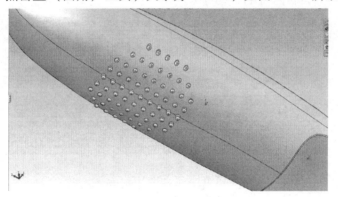

图 5 - 99　倒圆角

前下半段完成，如图 5 - 100 所示。

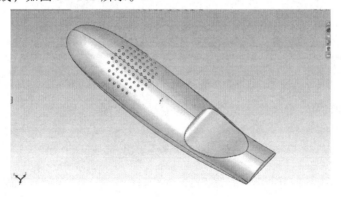

图 5 - 100　前下半段零件

5.2.3　零件 3：前上半段

（1）绘制草图：打开零件 1，在此基础上，以右视图为基准，点击⊠（样条曲线）工具，画出曲线，如图 5 - 101 所示。

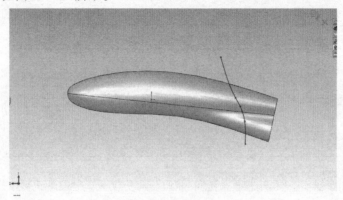

图 5 - 101　绘制草图

（2）拉伸切除：点击▣（拉伸切除）工具，如图 5 - 102 所示。

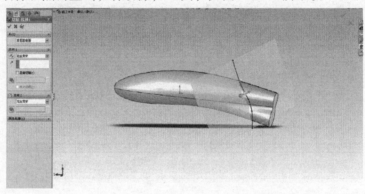

图 5 - 102　拉伸切除

（3）绘制草图：以右视图为基准，点击✐（样条曲线）工具，画出曲线，如图 5 - 103所示。

（4）拉伸切除：点击▣（拉伸切除）工具，点选反侧切除，如图 5 - 104 所示。

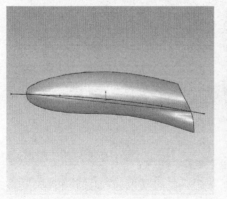

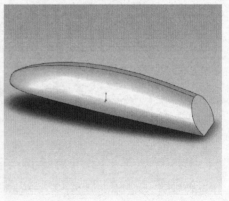

图 5 - 103　绘制草图　　　　　　　　　图 5 - 104　拉伸切除

（5）圆角：点击 ▨（圆角）工具，大小为 0.3mm，如图 5 – 105 所示。

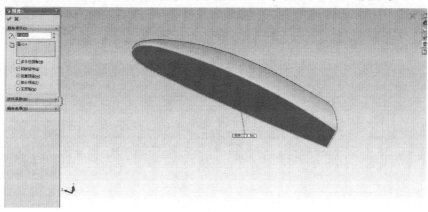

图 5 – 105　倒圆角

和第 4 步一样，圆角大小为 0.5mm，如图 5 – 106 所示。

图 5 – 106　倒圆角

（6）插入基准面 7：选择基准面 4，距离为 105mm。点选反向，如图 5 – 107 所示。

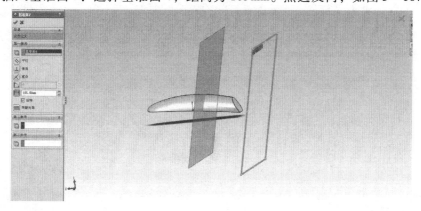

图 5 – 107　插入基准面 7

（7）绘制草图：以基准面 7 为基准，以原点为中心，用直线工具画出中心线，用直线工具画出曲线。

提示：可以把网格打开辅助画线，如图 5 – 108 所示。

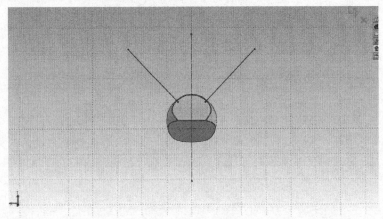

图 5 – 108　绘制草图

（8）插入基准面 8：选择直线和端点，做出基准面 8，如图 5 – 109 所示。

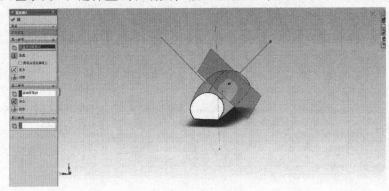

图 5 – 109　插入基准面 8

同样的方法，做出基准面 9，如图 5 – 110 所示。

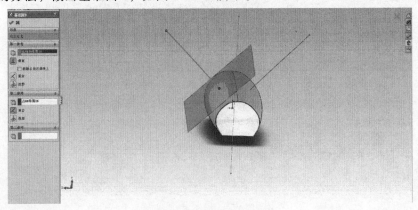

图 5 – 110　插入基准面 9

在基准面 9 的基础上做出基准面 10，距离为 5mm，如图 5 - 111 所示。

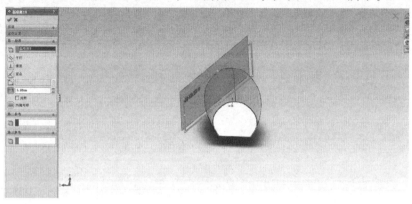

图 5 - 111 插入基准面 10

同样的方法在基准面 8 的基础上做出基准面 11，如图 5 - 112 所示。

图 5 - 112 插入基准面 11

（9）绘制草图：以基准面 11 为基准，用椭圆工具绘制草图，长半径为 25mm，宽半径为 16mm，如图 5 - 113 所示。

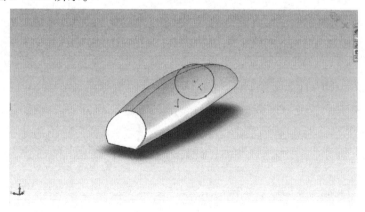

图 5 - 113 绘制草图

同样的方法在另一基准面10做出另一个椭圆，如图5-114所示。

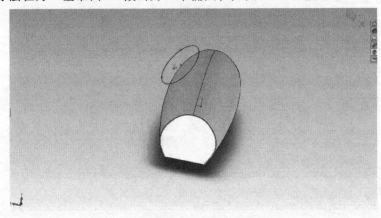

图 5 - 114　绘制草图

（10）拉伸切除：点击▣（拉伸切除）工具，给定深度为15mm，如图5-115所示。

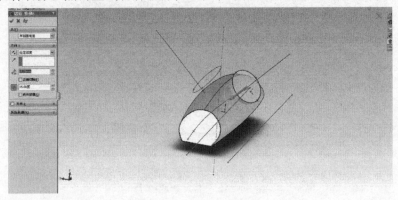

图 5 - 115　拉伸切除

同样的方法做出另一个，如图5-116所示。

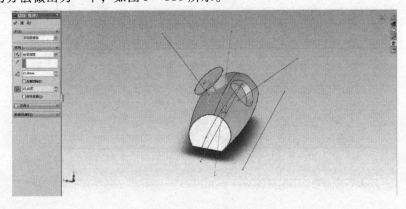

图 5 - 116　拉伸切除

（11）圆角：点击▣（圆角）工具，大小为1mm，如图5-117所示。

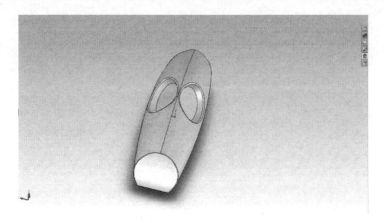

图 5 - 117　倒圆角

（12）绘制草图：以镂空的底面为基准，选中底面边缘，再点击 （等距实体）工具，在属性栏输入数据为 0.5mm，如图 5 - 118 所示。

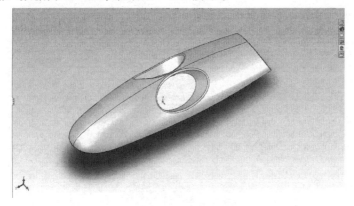

图 5 - 118　绘制草图

同样方法绘制另一个草图，如图 5 - 119 所示。

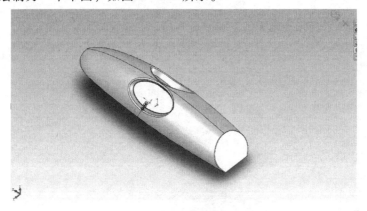

图 5 - 119　绘制草图

前上半段零件制作完成，如图 5 - 120 所示。

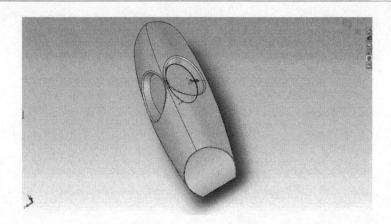

图 5 - 120　前上半段零件

5.2.4　零件 4：左右小零件

用上步的模型，来做这个零件，如图 5 - 121 所示。

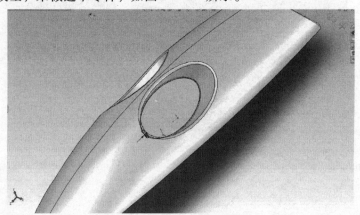

图 5 - 121　前半段零件

（1）拉伸凸台：点 ⬚（拉伸凸台）工具，给定深度为 6mm，如图 5 - 122 所示。

图 5 - 122　拉伸凸台

（2）圆角：点击▣（圆角）工具，大小为 4mm，如图 5 - 123 所示。

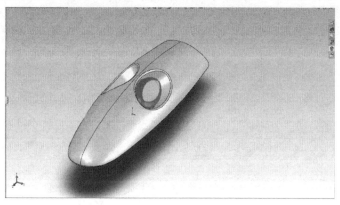

图 5 - 123　倒圆角

根据同样方法，做出另一个倒圆角，如图 5 - 124 所示。

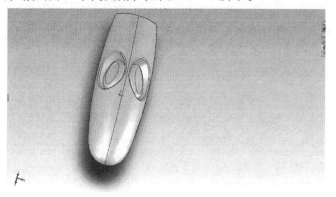

图 5 - 124　绘制实体

（3）绘制草图：以基准面 11 为基准，选取到脚边线，点选▣（转换实体引用）工具，得出草图，如图 5 - 125 所示。

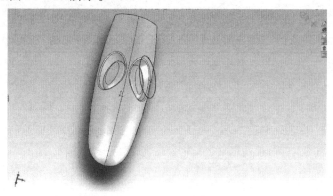

图 5 - 125　绘制草图

（4）拉伸切除：点击▣（拉伸切除）工具，完全贯穿，并点选反侧切除，如图 5 -

126 所示。

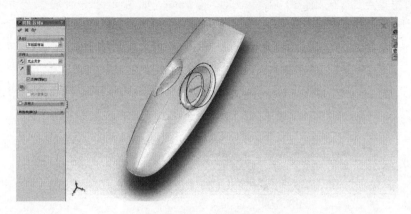

图 5 – 126　拉伸切除

（5）绘制草图：以前视图为基准，用曲线工具画如图所示，如图 5 – 127 所示。

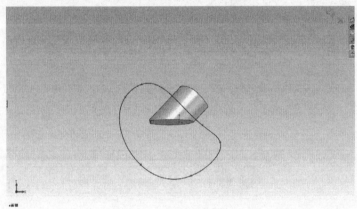

图 5 – 127　绘制草图

（6）拉伸切除：点击圆（拉伸切除）工具，完全贯穿，如图 5 – 128 所示。

图 5 – 128　拉伸切除

零件已做完，按照上面方法做出另一个零件，如图 5 – 129 所示。

图 5 - 129　左右小零件

5.2.5　零件 5：尾段

（1）绘制草图：打开零件 1，以右视图为基准，点击 📈（样条曲线）工具，画出如图 5 - 130 所示的曲线。

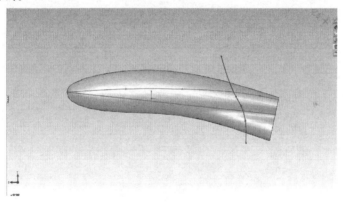

图 5 - 130　绘制草图

（2）拉伸切除：点击 📦（拉伸切除）工具，点选反向切除，如图 5 - 131 所示。

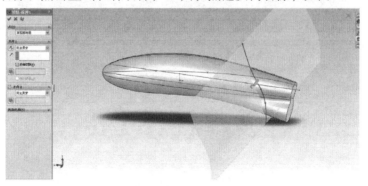

图 5 - 131　拉伸切除

（3）倒圆角：点击▣（圆角）工具，大小为 0.5mm，如图 5 – 132 所示。

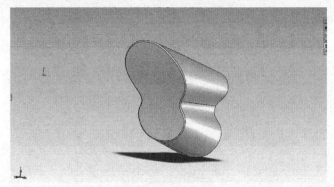

图 5 – 132　倒圆角

（4）绘制草图：以底面为基准，选中底面边缘，再点击▣（等距实体）工具，在属性栏输入数据为 1.5mm，如图 5 – 133 所示。

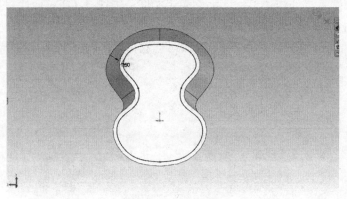

图 5 – 133　绘制草图

（5）拉伸切除：点击▣（拉伸切除）工具，给定深度为 0.5mm，如图 5 – 134 所示。

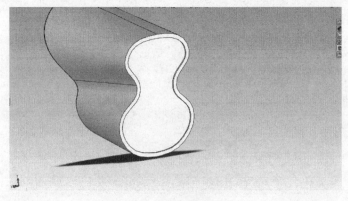

图 5 – 134　拉伸切除

（6）圆角：点击 ▣ （圆角）工具，大小为 1mm，如图 5 – 135 所示。

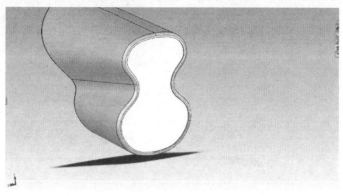

图 5 – 135　倒圆角

同样方法，内部圆角大小为 0.3mm，如图 5 – 136 所示。

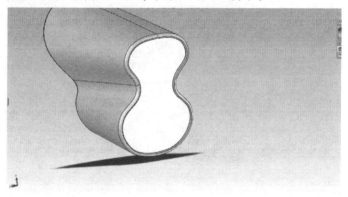

图 5 – 136　倒圆角

（7）绘制草图：以底面为基准，点圆工具，画上圆直径为 14.59mm，下圆直径为 18.67mm，如图 5 – 137 所示。

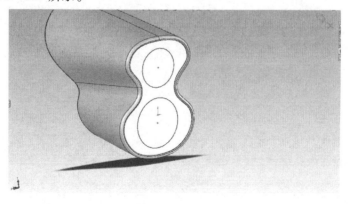

图 5 – 137　绘制草图

（8）拉伸切除：点击⬛（拉伸切除）工具，给定深度为 8mm，如图 5 – 138 所示。

图 5 – 138 拉伸切除

（9）倒圆角：点击⬛（圆角）工具，大小为 0.5mm，如图 5 – 139 所示。

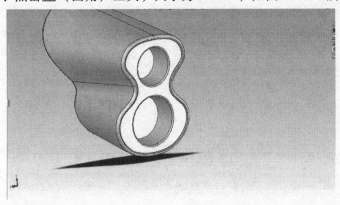

图 5 – 139 倒圆角

（10）绘制草图：以底面为基准，选中底面边缘，再点击⬛（等距实体）工具，在属性栏输入数据为 1mm，如图 5 – 140 所示。

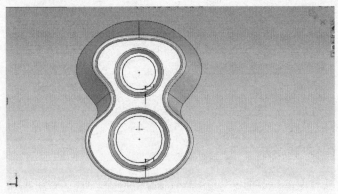

图 5 – 140 绘制草图

5.2.6　零件 6：尾灯

使用上步的草图，如图 5 – 141 所示。

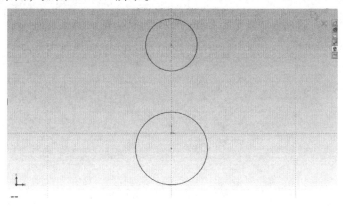

图 5 – 141　草图 32

（1）拉伸凸台：点 ▣（拉伸凸台）工具，给定深度为 6mm，如图 5 – 142 所示。

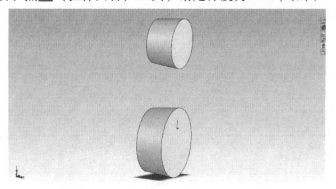

图 5 – 142　拉伸凸台

（2）倒圆角：点击 ▣（圆角）工具，大小为 1mm，如图 5 – 143 所示。

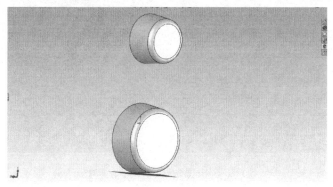

图 5 – 143　倒圆角

5.2.7 零件 7：下部按钮

根据前下半段的第 6 步开始往下做。

（1）绘制草图：以右视图为基准，点击 ⬜（样条曲线）工具，画出曲线，如图 5 - 144 所示。

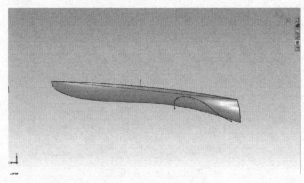

图 5 - 144　绘制草图

（2）拉伸切除：点击 ⬜（拉伸切除）工具，点选反侧切除，如图 5 - 145 所示。

（3）绘制草图：以右视图为基准，用直线工具画出曲线，如图 5 - 146 所示。

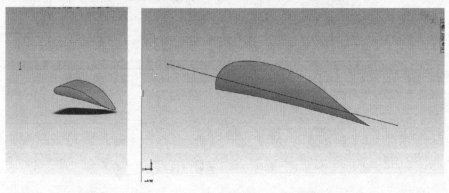

图 5 - 145　拉伸切除　　　　　　　　图 5 - 146　绘制草图

（4）插入基准面 7：以右视基准面为基准，距离为 10mm，如图 5 - 147 所示。

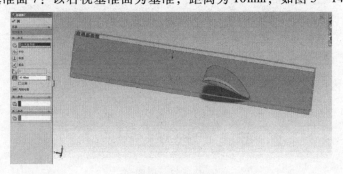

图 5 - 147　插入基准面 7

（5）绘制草图：以基准面 7 为基准，选中所画的草图，点选 ▣ （转换实体引用）工具，得出草图，如图 5 - 148 所示。

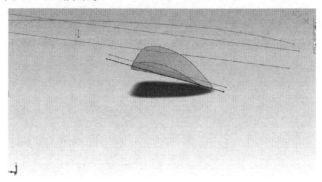

图 5 - 148　绘制草图

（6）插入基准面 8：点击 ▨ （参考几何体）工具，再点击 ▨ （基准面）工具。在左边的属性栏中点选 ▨ （通过直线/点）工具，再依次点选第 5 步所绘草图的端点和第 3 步所绘草图整条线，得到基准面 8，如图 5 - 149 所示。

图 5 - 149　插入基准面 8

（7）绘制草图：以基准面 8 为基准，画出曲线，如图 5 - 150 所示。

（8）绘制草图：以基准面 8 为基准，选中第 7 步所绘草图，再点击 ▣ （等距实体）工具，在属性栏输入数据为 3mm，如图 5 - 151 所示。

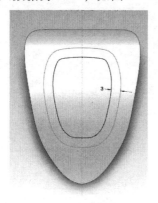
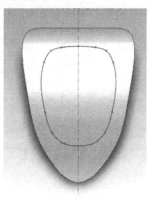

图 5 - 150　绘制草图　　　　图 5 - 151　绘制草图

（9）拉伸凸台：点 ▣（拉伸凸台）工具，给定深度为 15mm，如图 5 – 152 所示。

（10）倒圆角：点击 ▣（圆角）工具，大小为 $R = 0.5$mm，如图 5 – 153 所示。

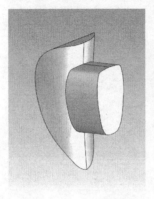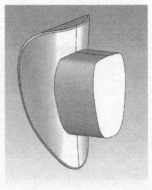

图 5 – 152　拉伸凸台　　　　　图 5 – 153　倒圆角

同样方法，圆角半径为 5mm，如图 5 – 154 所示。

（11）绘制草图：以右视基准面为基准，用曲线工具画线，如图 5 – 155 所示。

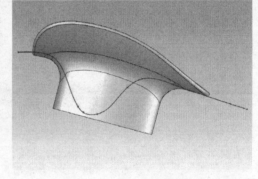

图 5 – 154　倒圆角　　　　　图 5 – 155　绘制草图

（12）拉伸切除：点击 ▣（拉伸切除）工具，完全贯穿，如图 5 – 156 所示。

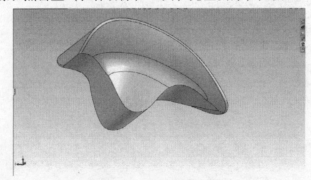

图 5 – 156　拉伸切除

（13）倒圆角：点击 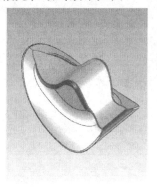（圆角）工具，大小为 $R = 1.5\text{mm}$，如图 5 – 157 所示。
下体按钮做完，最终效果如图 5 – 158 所示。

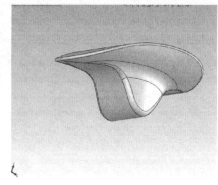

图 5 – 157　倒圆角　　　　　　　图 5 – 158　下体按钮

5.2.8　装配

将各个零件完成后，新建一个装配体，将各个零件进行装配。

（1）先插入前下段，以此作为参考物，再选择按键插入，如图 5 – 159 所示。

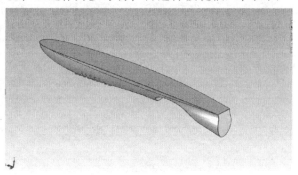

图 5 – 159　插入前下半段零件

（2）点击 （配合）工具，选取要合并的两个面使两个零件能够完全合并；选取两个零件中在一个面上的部分，以使其对齐，如图 5 – 160 所示。

（3）点击 （配合）工具，将尾段组装，如图 5 – 161 所示。

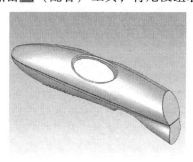
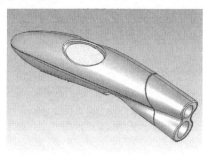

图 5 – 160　插入前上半段零件　　　　　图 5 – 161　插入尾端零件

（4）类似地将尾灯零件组装，如图 5 - 162 所示。

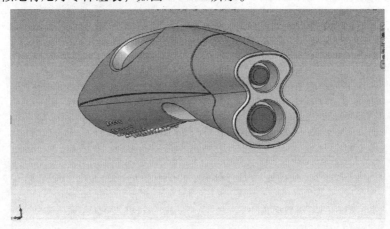

图 5 - 162　插入灯零件

（5）类似地将下体按钮和左右小零件组装，如图 5 - 163 所示，最后组装完成。

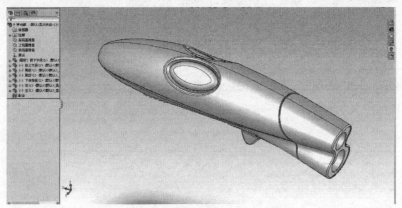

图 5 - 163　插入下体按钮和左右小零件

第6章 复杂产品综合建模
——以儿童车建模为例

概念草图

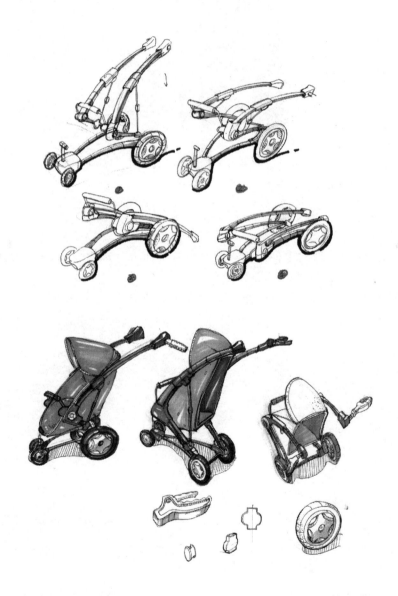

【思路分析】如图6-1所示，这是一个比较复杂的设计，也是进入课堂的产学研项

目，因此本书以最终建好的模型来逐一演示每一步骤，先建轮子，确定两轮间距离，再建轴，最后建车体部分。由于很多地方是左右对称的，可以先建一半模型，再采取装配 2 个零件的办法即可得到。

图 6 - 1　儿童车模型

6.1　零件 1：前轮

（1）绘制草图 1：新建零件文件，在右视基准面上，选用 ⊙（圆）工具，绘制一个圆，直径为 12.13mm，如图 6 - 2 所示。

（2）拉伸凸台：选用 ▣（拉伸凸台）工具，方向为给定深度为 5mm，如图 6 - 3 所示。

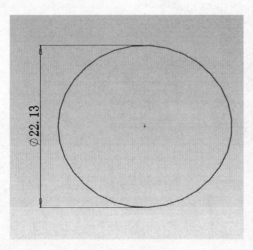

图 6 - 2　绘制草图

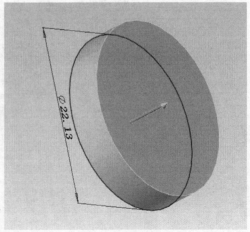

图 6 - 3　拉伸凸台

（3）绘制草图：方法①，直接使用 ◎（圆）工具，绘制一个同心圆，直径为6.13mm；方法②，使用 ⊅（等距实体）工具，等距距离为3mm，如图6-4所示。

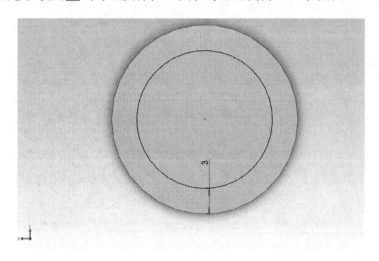

图6-4　绘制草图

（4）拉伸切除：使用 ◙（拉伸切除）工具，进行拉伸切除，得到模型如图6-5所示。

（5）倒圆角：选择 ◎（圆角）工具，选择面圆角，内圈半径为0.5mm，外圈半径为2mm，如图6-6所示。

图6-5　拉伸切除

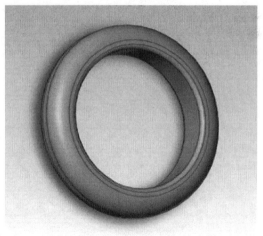

图6-6　倒圆角

6.2　零件2：前轮2

（1）绘制草图3和拉伸凸台：在右视基准面上，选用 ◎（圆）工具，绘制一个圆，直径为 22.13mm，如图 6 – 7 所示。

选用▣（拉伸凸台）工具，方向为给定深度为 5mm，如图 6 – 8 所示。

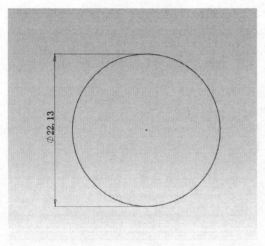

图 6 – 7　绘制草图 3　　　　　　　　　　　图 6 – 8　拉伸凸台

（2）绘制草图 4 和拉伸切除：采用与绘制零件 1 前轮相同的方式，使用▣（等距实体）工具，等距距离为 3mm，如图 6 – 9 所示。

使用▣（拉伸切除）工具，进行拉伸切除，得到如图 6 – 10 所示。

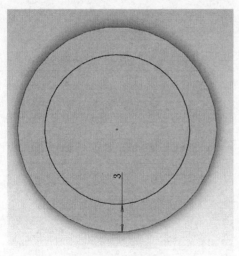

图 6 – 9　绘制草图　　　　　　　　　　　图 6 – 10　拉伸切除

在右视基准面上，选用◎（圆）工具，绘制 5 个圆，直径为 7mm，可以先绘制一个圆，再利用圆周阵列工具绘制其他圆，如图 6 – 11 所示。

使用▣（拉伸切除）工具，进行拉伸切除，如图 6 – 12 所示。

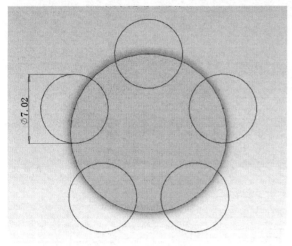

图 6 – 11　绘制草图 5

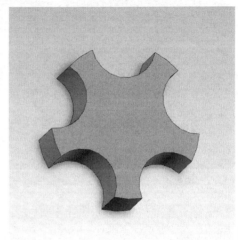

图 6 – 12　拉伸切除

（3）倒圆角：选择▣（圆角）工具，对两边的边缘进行倒圆角，选择面圆角，半径为 1mm，如图 6 – 13 所示。

（4）类似于第（2）步，绘制直径为 7mm 的圆，使用▣（拉伸切除）工具，进行拉伸切除，得到如图 6 – 14 所示图形。

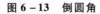

图 6 – 13　倒圆角

图 6 – 14　拉伸切除

（5）倒圆角：选择▣（圆角）工具，对两边的边缘进行倒圆角，选择面圆角，半径为 1mm，如图 6 – 15 所示。

（6）绘制草图 6 和拉伸凸台：在右视基准面上，选用▣（圆）工具，绘制 2 个同心圆，大圆直径为 16.31mm，小圆距离大圆 1mm，如图 6 – 16 所示。

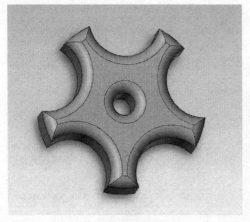

图 6 – 15　倒圆角

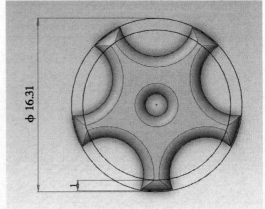

图 6 – 16　绘制草图 6

选用 （拉伸凸台）工具，方向为给定深度为 5mm，如图 6 – 17 所示。

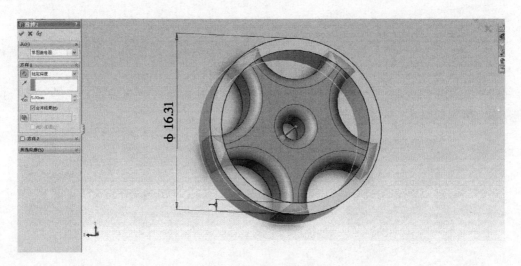

图 6 – 17　拉伸凸台

6.3　零件 3：后轮

后轮的形状与前轮是一致的，只是大小比例略有不同。

（1）绘制草图 6 和拉伸凸台：在右视基准面上，选用 （圆）工具，绘制一个圆，直径为 51.03mm，如图 6 – 18 所示。

选用 回（拉伸凸台）工具，方向为给定深度，距离为 7mm，如图 6 – 19 所示。

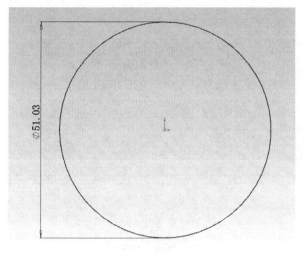

图 6 – 18　绘制草图 6　　　　　　　　　　　图 6 – 19　拉伸凸台

（2）绘制草图 7 和拉伸切除：采用与绘制零件 1 前轮相同的方式，使用 ⅶ（等距实体）工具，等距距离为 3mm，如图 6 – 20 所示。

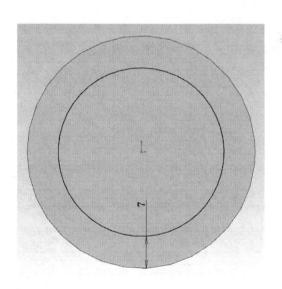

图 6 – 20　绘制草图 7

使用 回（拉伸切除）工具，进行拉伸切除，深度为 10mm，得到如图 6 – 21 所示。

（3）倒圆角：选择 ◎（圆角）工具，对两边的边缘进行倒圆角，选择面圆角，半径为 3mm，如图 6 - 22 所示。

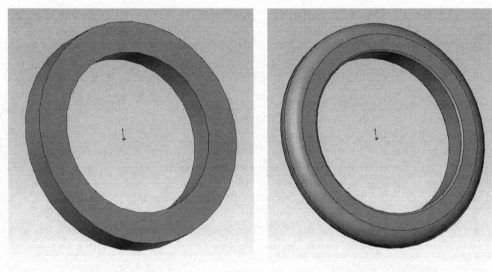

图 6 - 21　拉伸切除　　　　　　　　　　图 6 - 22　倒圆角

6.4　零件 4：后轮 2

（1）绘制草图 8 和拉伸凸台：在右视基准面上，选用 ◎（圆）工具，绘制一个圆，直径为 51.03mm，如图 6 - 23 所示。

选用 ◙（拉伸凸台）工具，方向为给定深度，距离为 7mm，如图 6 - 24 所示。

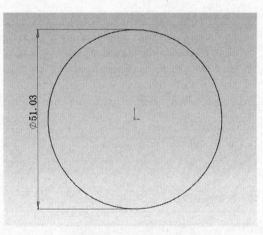

图 6 - 23　绘制草图　　　　　　　　　　图 6 - 24　拉伸凸台

（2）绘制草图 9 和拉伸切除：采用与绘制零件 1 前轮相同的方式，使用 ⫝（等距实体）工具，等距距离为 7mm，如图 6 - 25 所示。

使用 ▣（拉伸切除）工具，进行拉伸切除，如图 6－26 所示。

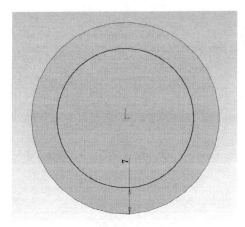

图 6－25　绘制草图

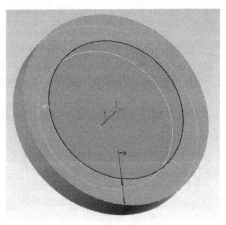

图 6－26　拉伸切除

采用与绘制前轮 2 相同的方式，在右视基准面上，选用 ◎（圆）工具，绘制一个圆，直径为 7mm，再利用圆同陈列工具得到如图 6－27 所示的草图。

使用 ▣（拉伸切除）工具，进行拉伸切除，如图 6－28 所示。

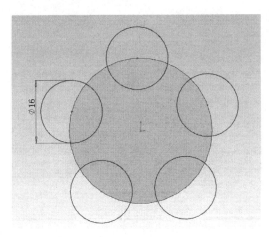

图 6－27　绘制草图

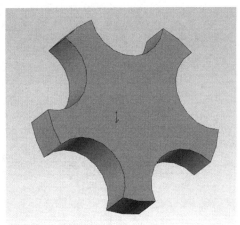

图 6－28　拉伸切除

（3）倒圆角：选择 ◎（圆角）工具，对两边的边缘进行倒圆角，选择面圆角，半径为 2mm，如图 6－29 所示。

（4）绘制草图11并拉伸切除和倒圆角：在右视基准面上，选用 ◎（圆）工具，绘制一个圆，直径为7mm，如图6-30所示。

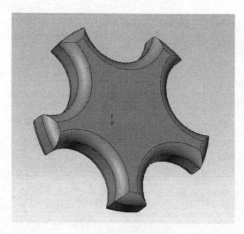

图6-29　倒圆角

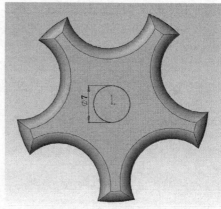

图6-30　绘制草图

使用 ▣（拉伸切除）工具，进行拉伸切除，深度为3mm，如图6-31所示。

选择 ◎（圆角）工具，对两边的边缘进行倒圆角，选择面圆角，半径为1.5mm，如图6-32所示。

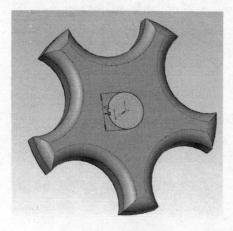

图6-31　拉伸切除

图6-32　倒圆角

（5）绘制草图12并拉伸切除和倒圆角：在模型的另一边，重复第（4）步的作法。

（6）绘制草图 13 并拉伸凸台：在右视基准面上，选用 ⊚（圆）工具，绘制两个同心圆，大圆直径为 37.31mm，小圆距离大圆 2mm，如图 6-33 所示。

选用 ▣（拉伸凸台）工具，方向为给定深度，距离为 7mm，如图 6-34 所示。

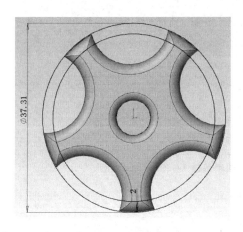

图 6-33　绘制草图

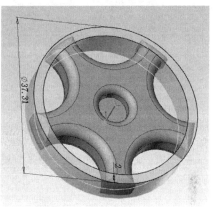

图 6-34　拉伸凸台

6.5　零件 5：前轮点

前轮点是连接前后轮轴的部件，如图 6-35 所示。

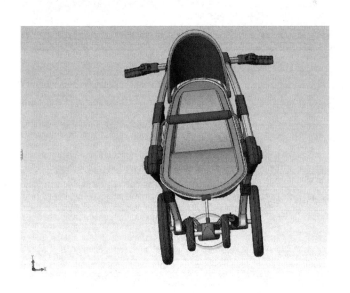

图 6-35　前轮点

（1）绘制草图 14 并拉伸凸台：选定右视基准面，点击草图，点击 ◪（样条曲线）工具，在右视图中绘制曲线 1，如图 6-36 所示。

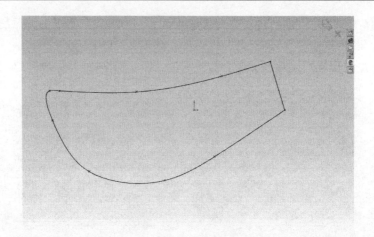

图 6 – 36   绘制草图 14

选用 ▣（拉伸凸台）工具，方向为给定深度，距离为 40mm，如图 6 – 37 所示。

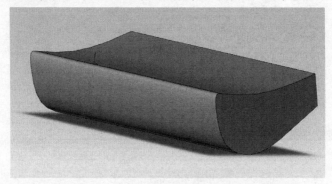

图 6 – 37   拉伸凸台

（2）绘制草图 15 并拉伸切除：选定上视基准面，绘制草图，如图 6 – 38 所示。

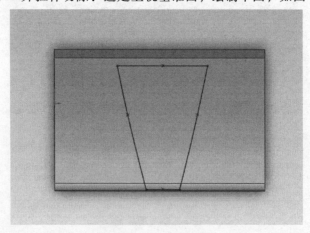

图 6 – 38   绘制草图 15

使用 ▣（拉伸切除）工具，进行拉伸切除，方向为两侧对称，深度为 40mm，反向切除，得到如图 6 - 39 所示。

图 6 - 39　拉伸切除

选择 （圆角）工具，对四个边的边缘进行倒圆角，半径为 1.5mm，如图 6 - 40 所示。

（3）绘制草图 16：选定右视基准面，绘制草图，如图 6 - 41 所示。

图 6 - 40　圆角

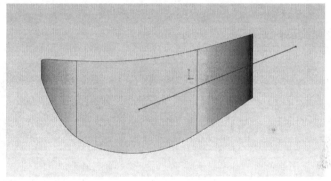

图 6 - 41　绘制草图

单击 （基准面）工具（参考几何体工具栏），或单击【插入】→【参考几何体】→【基准面】。选择 （通过点/线）工具，点击草图的一端和草图，如图 6 - 42 所示，插入基准面 1。

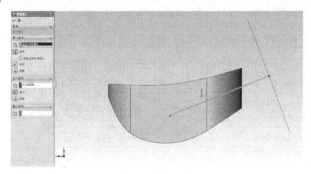

图 6 - 42　插入基准面 1

（4）绘制草图17并切除拉伸和倒圆角：选定第（3）步绘制的基准面1，绘制草图，如图6－43所示。

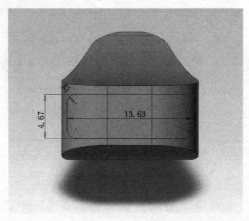

图 6 - 43　绘制草图

使用◙（拉伸切除）工具，进行拉伸切除，方向为给定深度，距离为 10mm，如图 6 - 44所示。

图 6 - 44　拉伸切除

选择◙（圆角）工具，对边缘进行倒圆角，半径为 0.2mm，如图 6 - 45 所示。

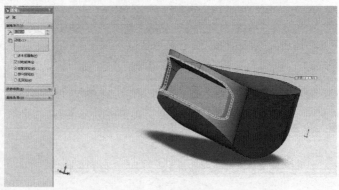

图 6 - 45　倒圆角

选择 （圆角）工具，对另一边进行倒圆角，半径为 3mm，如图 6 - 46 所示。

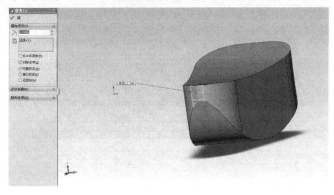

图 6 - 46　倒圆角

6.6　零件 6：前轮轴

（1）绘制草图 17 并拉伸凸台：在右视基准面上，选用 （圆）工具，直径为 3mm，如图 6 - 47 所示。

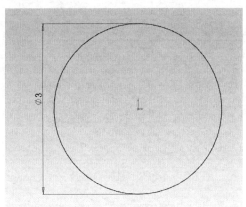

图 6 - 47　绘制草图

选用 （拉伸凸台）工具，方向为给定深度，距离为 30mm，如图 6 - 48 所示。

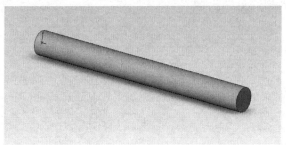

图 6 - 48　拉伸凸台

（2）倒圆角：选择 ▣ （圆角）工具，对边缘进行倒圆角，半径为 0.5mm，如图 6 - 49 所示。

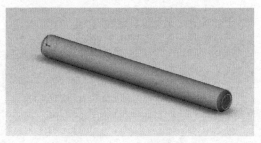

图 6 - 49　倒圆角

6.7　零件 7：前腿连接件

前腿连接件是连接前轮与后轮的轴的一部分，如图 6 - 50 所示。

图 6 - 50　前腿连接件

（1）绘制草图 18 并拉伸凸台和倒圆角：在上视基准面上，绘制草图，如图 6 - 51 所示。

选用 ▣ （拉伸凸台）工具，方向为给定深度，距离为 10mm，如图 6 - 52 所示。

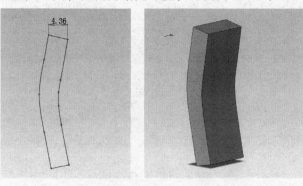

图 6 - 51　绘制草图　　　　图 6 - 52　拉伸凸台

选择 🔲（圆角）工具，对边缘进行倒圆角，半径为 2mm，如图 6 - 53 所示。

图 6 - 53　圆角

（2）绘制草图 19 并拉伸切除：选定右视基准面，绘制草图，如图 6 - 54 所示。

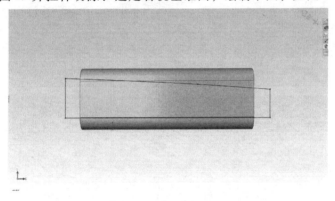

图 6 - 54　绘制草图

使用 🔲（拉伸切除）工具，进行拉伸切除，方向为给定深度，深度为 50mm，反向切除，得到如图 6 - 55 所示。

（3）倒圆角：选择 🔲（圆角）工具，对 4 个边缘进行倒圆角，半径为 1mm，如图 6 - 56 所示。

图 6 - 55　拉伸切除

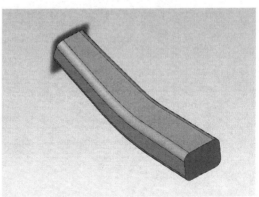

图 6 - 56　圆角

6.8　零件8：下部车腿

下部车腿也是连接前轮和后轮的一部分，如图6-57所示。

图 6-57　下部车腿

（1）绘制草图20并拉伸凸台：新建一个零件图，选定右视基准面，绘制草图，如图 6-58 所示。

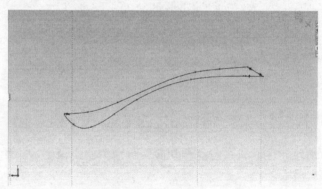

图 6-58　绘制草图 20

选用　（拉伸凸台）工具，方向为给定深度，距离为 3.5mm，如图 6-59 所示。

（2）倒圆角：选择　（圆角）工具，对 1 个边缘进行倒圆角，半径为 1mm，如图 6-60 所示。

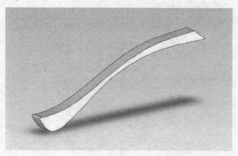

图 6-59　拉伸凸台

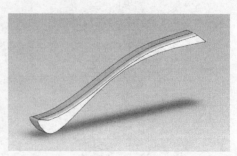

图 6-60　倒圆角

用类似的方法对另一边倒圆角，如图 6-61 所示。

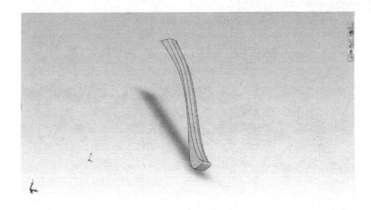

图 6-61　倒圆角

圆角半径为 1mm，如图 6-62 所示。

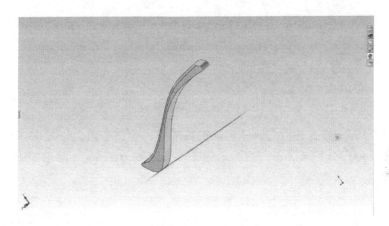

图 6-62　圆角

圆角半径为 0.1mm，如图 6-63 所示。

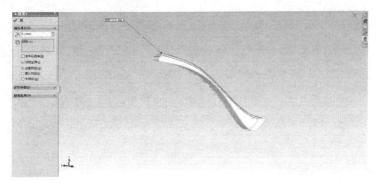

图 6-63　圆角

6.9　零件9：车轴连接处

连接后轮、后轮轴以及车架支架的部件，如图6－64所示。

图6－64　车轴连接处

（1）绘制草图21并拉伸凸台：选定右视基准面，绘制草图，如图6－65所示。选用 ![icon] （拉伸凸台）工具，方向为给定深度，距离为12mm，如图6－66所示。

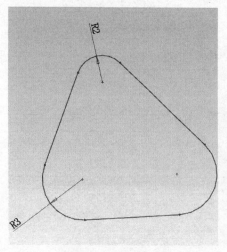

图6－65　绘制草图

图6－66　拉伸凸台

（2）绘制草图 22 并拉伸切除：绘制草图，如图 6-67 所示。

使用▣（拉伸切除）工具，进行拉伸切除完全贯穿，如图 6-68 所示。

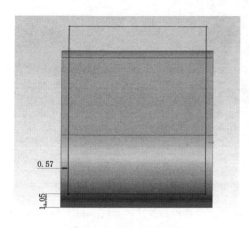

图 6-67　绘制草图

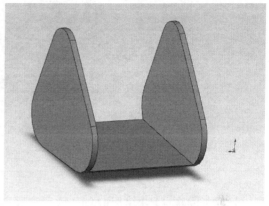

图 6-68　拉伸切除

（3）倒圆角：选择▣（圆角）工具，对 2 个边缘进行倒圆角，半径为 3mm，如图 6-69所示。

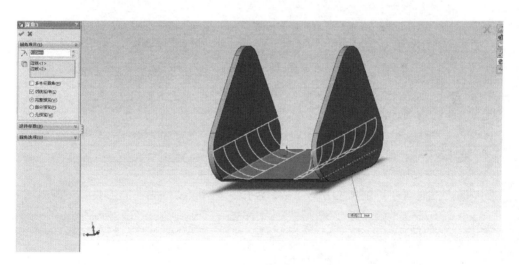

图 6-69　倒圆角

6.10　零件 10：后车轴

后车轴如图 6-70 所示。

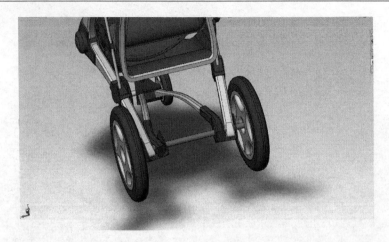

图 6 – 70 后车轴

（1）绘制草图 23 并拉伸凸台：选定右视基准面，绘制草图直径为 3mm，如图 6 – 71 所示。

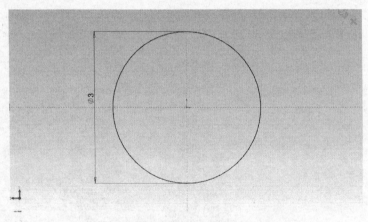

图 6 – 71 绘制草图

选用 ▣（拉伸凸台）工具，方向为给定深度，距离为 70mm，如图 6 – 72 所示。

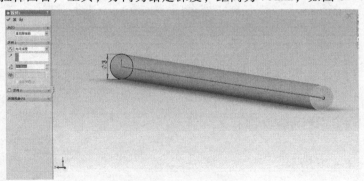

图 6 – 72 拉伸凸台

（2）倒圆角：选择 ▣（圆角）工具，对 2 个边缘进行倒圆角，半径为 1mm，如图

6 – 73所示。

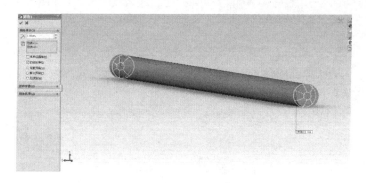

图 6 – 73　倒圆角

6.11　零件 11：支架

整体大支架如图 6 – 74 所示。

图 6 – 74　支架

（1）绘制草图和拉伸凸台：选定右视基准面，绘制草图，如图 6 – 75 所示。

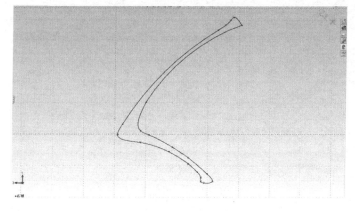

图 6 – 75　绘制草图

选用 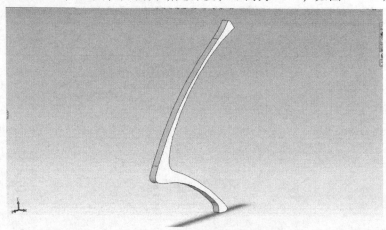（拉伸凸台）工具，方向为给定深度，距离为 5mm，如图 6 – 76 所示。

图 6 – 76　拉伸凸台

（2）选择 （圆角）工具，对 2 个边缘进行倒圆角，半径为 1mm，如图 6 – 77 所示。

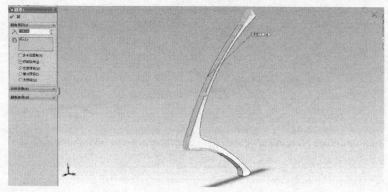

图 6 – 77　倒圆角

如图 6 – 78 所示，同样方法进行倒圆角，半径为 1mm。

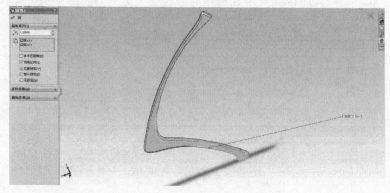

图 6 – 78　倒圆角

同样方法进行倒圆角，半径为 0.5mm，如图 6 – 79 所示。

绘制草图，主要是为后面的零件制作打基础，如图 6 - 80 所示。

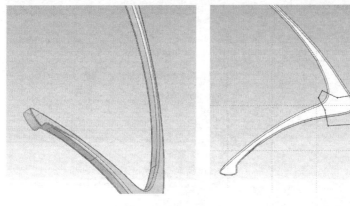

　　　图 6 - 79　倒圆角　　　　　　　　　图 6 - 80　绘制草图

（3）拉伸切除：使用▣（拉伸切除）工具，进行拉伸切除完全贯穿，如图 6 - 81
所示。

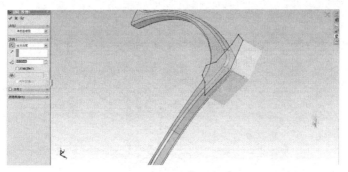

图 6 - 81　切除拉伸

（4）倒圆角：选择▣（圆角）工具，对 2 个边缘进行倒圆角，半径为 10mm，如图
6 - 82所示。

同样方法进行倒圆角，半径为 1mm，如图 6 - 83 所示。支架制作完成，最后再把支架
上下两个部分分开保存。

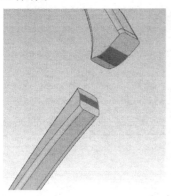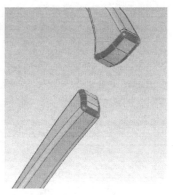

　　　图 6 - 82　倒圆角　　　　　　　　　图 6 - 83　倒圆角

6.12　零件 12：四相件

辅助车架与后轮主支架连接部件，如图 6 - 84 所示。

图 6 - 84　四相件

（1）绘制草图和拉伸凸台：选定右视基准面，绘制草图，长为 12mm，宽为 5.9mm，如图 6 - 85 所示。

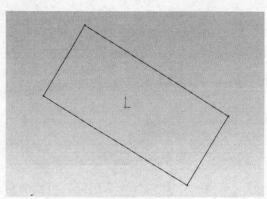

图 6 - 85　绘制草图

选用 ▣ （拉伸凸台）工具，方向为给定深度，距离为 6mm，如图 6 - 86 所示。

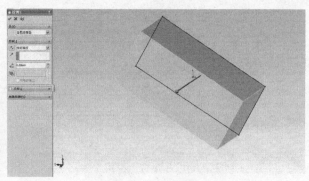

图 6 - 86　拉伸凸台

（2）用同样方法绘制草图 27 并拉伸，直径为 7.4mm，如图 6-87 所示。

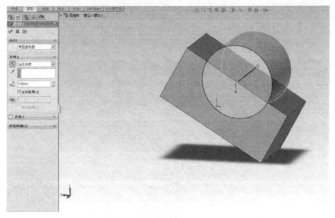

图 6-87　绘制草图 27 和拉伸凸台

（3）用同样方法做出另一个圆柱，如图 6-88 所示。

（4）绘制草图 29 和切除拉伸：绘制草图，如图 6-89 所示。

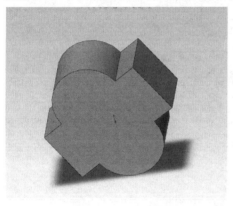

图 6-88　绘制草图 28 和拉伸凸台

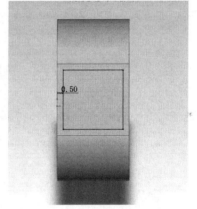

图 6-89　绘制草图 29

使用▣（拉伸切除）工具，进行拉伸切除，完全贯穿，如图 6-90 所示。

图 6-90　拉伸切除

（5）绘制草图 30 和切除拉伸：如图 6-91 所示，绘制草图。

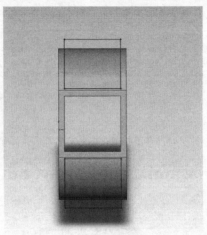

图 6-91　绘制草图

使用 ▣（拉伸切除）工具，进行拉伸切除，完全贯穿，如图 6-92 所示。

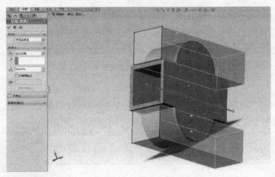

图 6-92　拉伸切除

（6）倒圆角：选择 ▣（圆角）工具，对 4 个边线进行倒圆角，半径为 0.5mm，如图 6-93 所示。

图 6-93　倒圆角

（7）选择 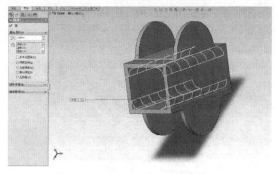（圆角）工具，对 4 个边线进行倒圆角，半径为 1mm，如图 6 - 94 所示。

图 6 - 94　倒圆角

（8）选择 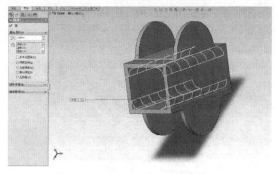（圆角）工具，对 2 个边线进行倒圆角，半径为 0.3mm，如图 6 - 95 所示。

（9）同样方法进行倒圆角，半径为 0.1mm，如图 6 - 96 所示。

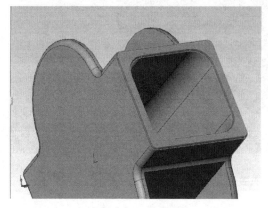

图 6 - 95　倒圆角

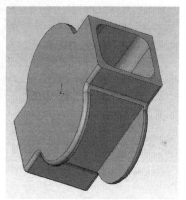

图 6 - 96　倒圆角

（10）如图所示，倒圆角半径为 0.1mm，如图 6 - 97 所示。四相件制作完毕。

图 6 - 97　倒圆角

6.13　零件 13：大关节

车架主轴连接件，如图 6 - 98 所示。

图 6 - 98　大关节

（1）绘制草图和拉伸凸台：选定右视基准面，绘制草图，如图 6 - 99 所示。

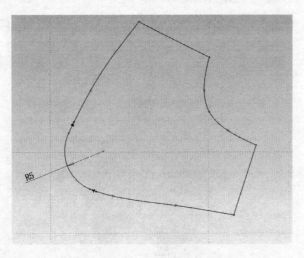

图 6 - 99　绘制草图

选用 ▣（拉伸凸台）工具，方向为给定深度，距离为 7mm，如图 6 - 100 所示。

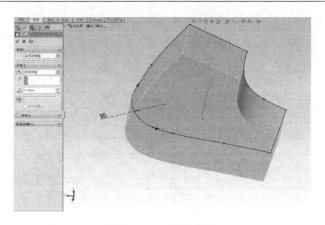

图 6 - 100 拉伸凸台

以右视图为基准，插入基准面 1，如图 6 - 101 所示。

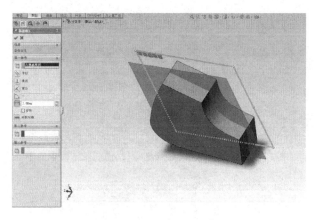

图 6 - 101 插入基准面 1

（2）绘制草图和切除拉伸：选定基准面 1，绘制草图，如图 6 - 102 所示。

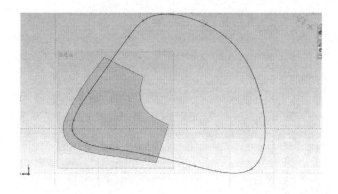

图 6 - 102 绘制草图

使用 ▣（拉伸切除）工具，进行拉伸切除，两侧对称，距离为 5mm，得到如图 6 - 103 所示。

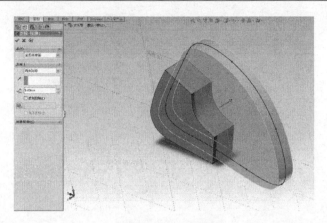

图 6 – 103　拉伸切除

（3）倒圆角：选择　（圆角）工具，对 2 个边线进行倒圆角，半径为 3mm，如图 6 – 104所示。

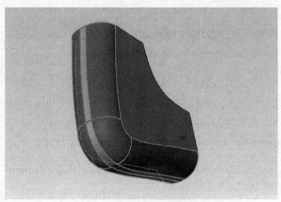

图 6 – 104　倒圆角

同样方法圆角，半径为 2mm，如图 6 – 105 所示。

（4）绘制草图：选定一侧面为基准面，绘制草图，如图 6 – 106 所示。

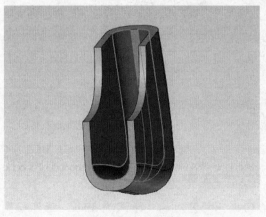

图 6 – 105　圆角

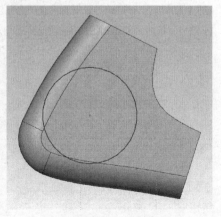

图 6 – 106　绘制草图

用同样方法，以另一侧为基准面绘制如图 6 – 107 所示草图。

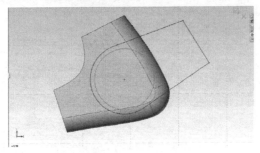

图 6 – 107　绘制草图

绘制草图主要是为下个零件制作打基础。

6.14　零件 14：大关节轴

固定大关节的部件，如图 6 – 108 所示。

图 6 – 108　大关节轴

（1）绘制草图和拉伸凸台：选定右视基准面，绘制草图，直径为 12.5mm，如图6 – 109 所示。

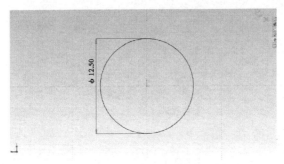

图 6 – 109　绘制草图

选用 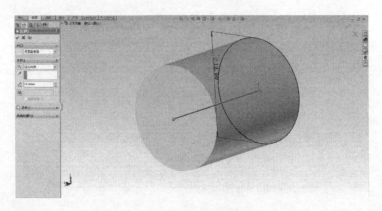（拉伸凸台）工具，方向为给定深度，距离为 15mm，如图 6-110 所示。

图 6-110 拉伸凸台

（2）选择 （圆角）工具，对 2 个边线进行倒圆角，半径为 2mm，如图 6-111 所示。制作完毕。

图 6-111 倒圆角

同样方法制作小关节轴，直径为 8mm，如图 6-112 所示。

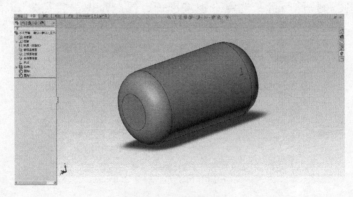

图 6-112 制作实体

6.15　零件 15：大关节连接件

大关节轴与提篮把手连接部件，如图 6 - 113 所示。

图 6 - 113　大关节连接件

（1）绘制草图和拉伸凸台：选定右视基准面，绘制草图，半圆半径为 7mm，如图6 -
114 所示。

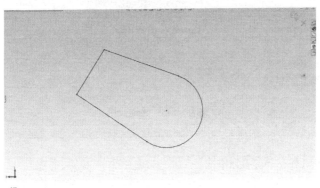

图 6 - 114　绘制草图

选用 (拉伸凸台) 工具，方向为给定深度，距离为 3mm，如图 6 - 115 所示。

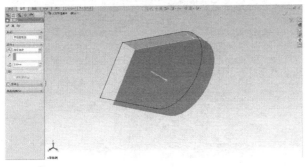

图 6 - 115　拉伸凸台

（2）选择 （圆角）工具，对 2 个边线进行倒圆角，半径为 5mm，如图 6 – 116 所示。

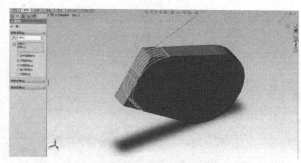

图 6 – 116 倒圆角

（3）选择 （圆角）工具，对 2 个边线进行倒圆角，半径为 1mm，如图 6 – 117 所示。制作完毕。

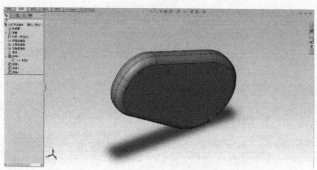

图 6 – 117 倒圆角

6.16 零件 16：三相件

部件如图 6 – 118 所示。

图 6 – 118 三相件

（1）绘制草图和拉伸凸台：选定右视基准面，绘制草图，长度为 22mm，宽度为 6mm，如图 6 – 119 所示。

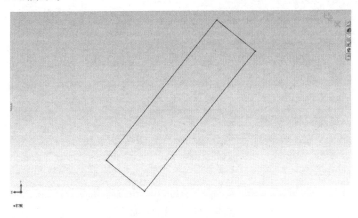

图 6 – 119　绘制草图

选用 ▣ （拉伸凸台）工具，方向为给定深度，距离为 6mm，如图 6 – 120 所示。

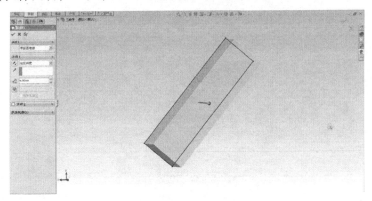

图 6 – 120　拉伸凸台

如图 6 – 121 所示，以右视图为基准插入基准面 1。

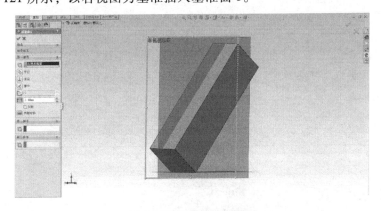

图 6 – 121　插入基准面 1

（2）绘制草图和拉伸凸台：选定基准面 1，绘制草图，直径为 11mm，如图 6 – 122

所示。

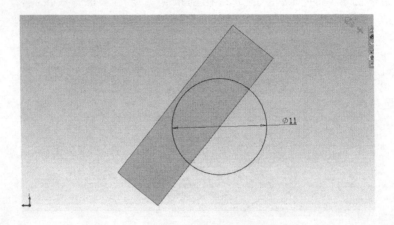

图 6 - 122 绘制草图

选用 ▣（拉伸凸台）工具，两侧对称，方向为给定深度，距离为 5mm，如图 6 - 123 所示。

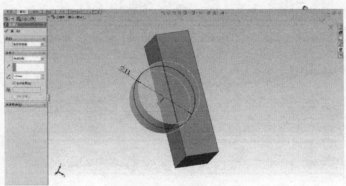

图 6 - 123 拉伸凸台

（3）绘制草图和切除拉伸：以方体一侧为基准面绘制草图，如图 6 - 124 所示。

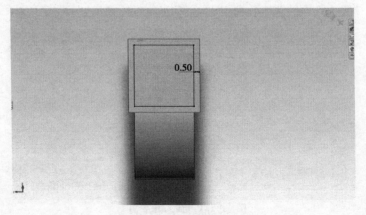

图 6 - 124 绘制草图

使用 (拉伸切除) 工具,进行拉伸切除,完全贯穿,如图 6-125 所示。

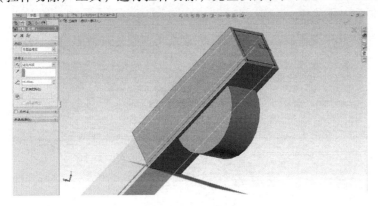

图 6-125 拉伸切除

(4) 绘制草图和切除拉伸:以方体一侧为基准面,绘制草图,如图 6-126 所示。

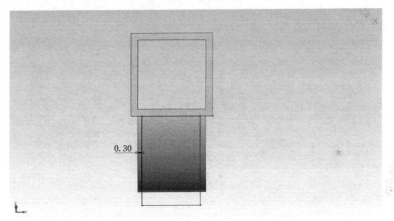

图 6-126 绘制草图

使用 (拉伸切除) 工具,进行拉伸切除,完全贯穿,如图 6-127 所示。

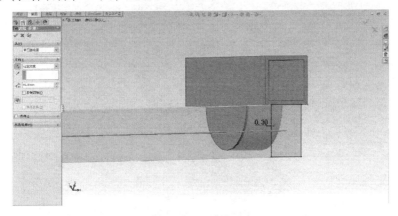

图 6-127 拉伸切除

（5）倒圆角：选择 ◎（圆角）工具，对 8 个边线进行倒圆角，半径为 1mm，如图
6 – 128 所示。

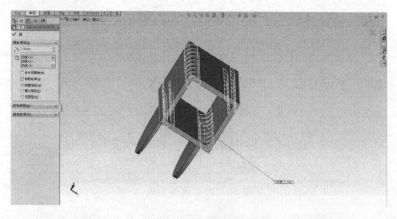

图 6 – 128　倒圆角

对 4 个边线进行倒圆角，半径为 1mm，如图 6 – 129 所示。

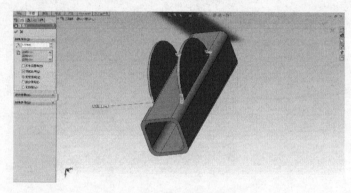

图 6 – 129　倒圆角

对 2 个边线进行倒圆角，半径为 0.1mm，如图 6 – 130 所示。制作完毕。

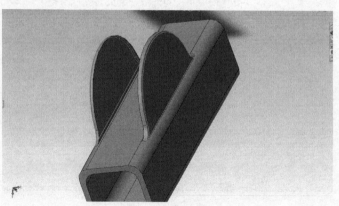

图 6 – 130　倒圆角

6.17　零件 17：把手连接件

部件如图 6-131 所示。

图 6-131　把手连接件

（1）绘制草图和拉伸凸台：选定右视图为基准面，绘制草图，如图 6-132 所示。

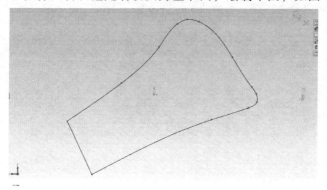

图 6-132　绘制草图

选用 （拉伸凸台）工具，方向为给定深度，距离为 7.2mm，如图 6-133 所示。

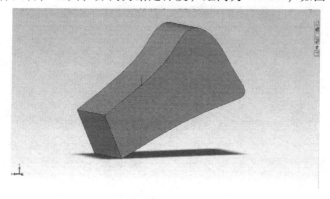

图 6-133　拉伸凸台

（2）选择 ▣（圆角）工具，对 2 个边线进行倒圆角，半径为 0.5mm，如图 6 – 134 所示。

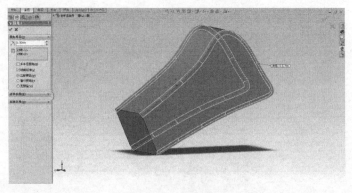

图 6 – 134　倒圆角

（3）绘制草图和拉伸切除：以方体一侧为基准面如图所示，绘制草图，如图 6 – 135 所示。

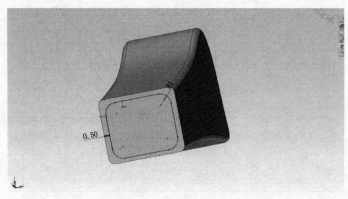

图 6 – 135　绘制草图

使用 ▣（拉伸切除）工具，进行拉伸切除，给定深度为 7.2mm，如图 6 – 136 所示。

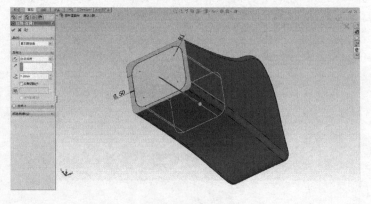

图 6 – 136　拉伸切除

（4）倒圆角：选择 ⬚（圆角）工具，对内边线进行倒圆角，半径为 0.2mm，如图 6－137所示。

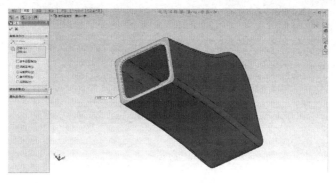

图 6－137 倒圆角

对外边线进行倒圆角，半径为 0.2mm，如图 6－138 所示。制作完毕。

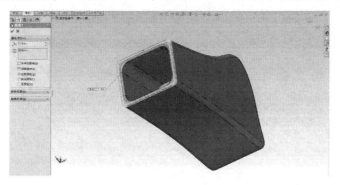

图 6－138 倒圆角

6.18 零件 18：把手金属件

部件如图 6－139 所示。

图 6－139 把手连接件

（1）绘制草图和拉伸凸台：选定上视图为基准面，绘制草图，如图 6 – 140 所示。

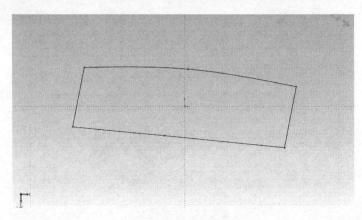

图 6 – 140　绘制草图

选用 ▣（拉伸凸台）工具，方向为给定深度，距离为 4.5mm，如图 6 – 141 所示。

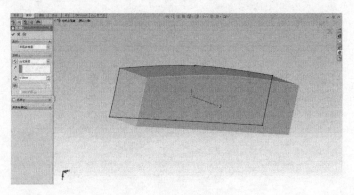

图 6 – 141　拉伸凸台

（2）倒圆角：选择 ▣（圆角）工具，对外边线进行倒圆角，半径为 2mm，如图 6 – 142所示。

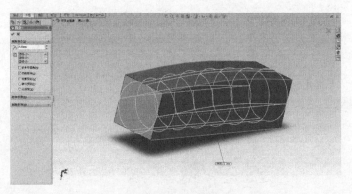

图 6 – 142　倒圆角

6.19　零件 19：把手件

部件如图 6 - 143 所示。

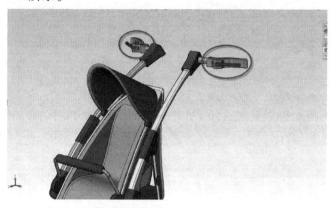

图 6 - 143　把手件

（1）绘制草图和拉伸凸台：选定右视图为基准面，绘制草图，如图 6 - 144 所示。

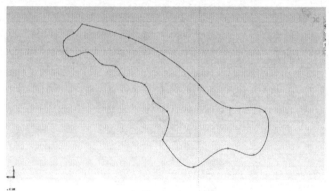

图 6 - 144　绘制草图

选用 ▣ （拉伸凸台）工具，方向为给定深度，距离为 6mm，如图 6 - 145 所示。

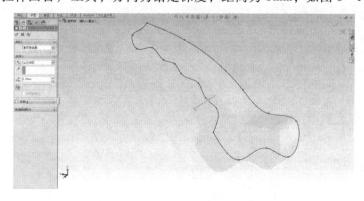

图 6 - 145　拉伸凸台

（2）倒圆角：选择 ⊙（圆角）工具，对 2 条边线进行倒圆角，半径为 0.5mm，如图 6 - 146 所示。

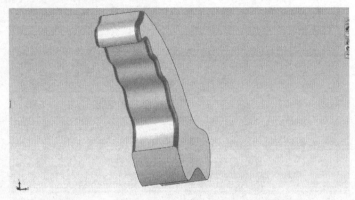

图 6 - 146 倒圆角

对另外的 2 条边线进行倒圆角，半径为 0.5mm，如图 6 - 147 所示。

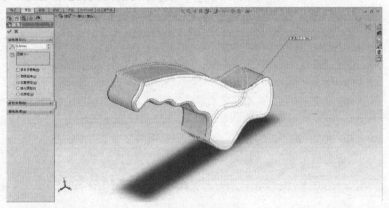

图 6 - 147 倒圆角

（3）绘制草图和切除拉伸：以方体一侧为基准面，绘制草图，如图 6 - 148 所示。

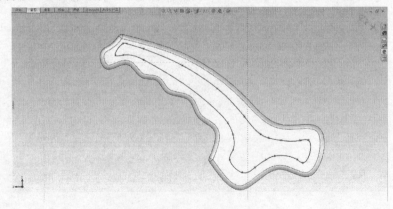

图 6 - 148 绘制草图

使用 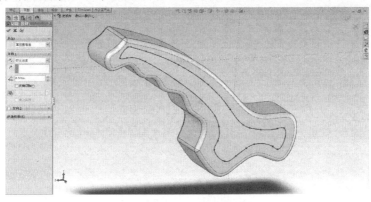 （拉伸切除）工具，进行拉伸切除给定深度为 0.5mm，如图 6 – 149 所示。

图 6 – 149　拉伸切除

同样方法做出另一侧，如图 6 – 150 所示。

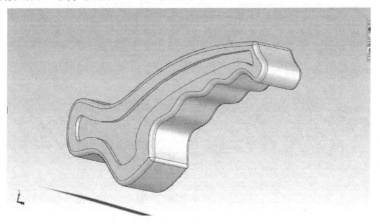

图 6 – 150　拉伸切除

（4）倒圆角：选择 （圆角）工具，对两侧的边线进行倒圆角，半径为 0.2mm，如图 6 – 151 所示。

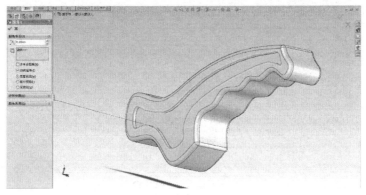

图 6 – 151　倒圆角

（5）插入基准面1：以右视基准面为基准插入基准面1，参数如图6－152所示。

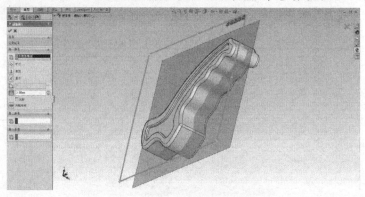

图6－152　插入基准面1

（6）绘制草图和切除拉伸：以基准面1为基准面，绘制草图，如图6－153所示。

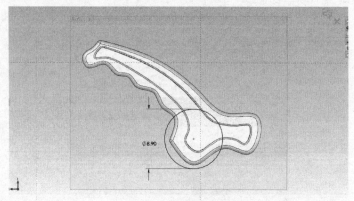

图6－153　绘制草图45

使用▨（拉伸切除）工具，进行拉伸切除，两侧对称，给定深度为3mm，如图6－154所示。

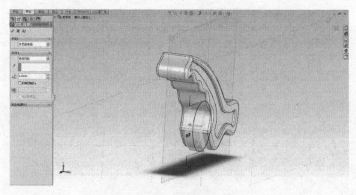

图6－154　拉伸切除

（7）倒圆角：选择▨（圆角）工具，对两侧的边线进行倒圆角，半径为1mm，如图

6 - 155 所示。

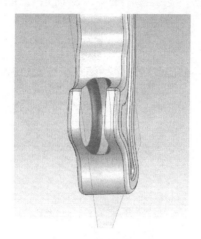

图 6 - 155　倒圆角

对外侧的边线进行倒圆角，半径为 0.1mm，如图 6 - 156 所示。

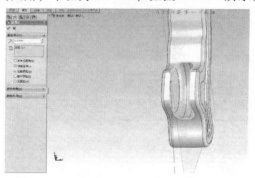

图 6 - 156　倒圆角

6.20　零件 20：车闸

部件如图 6 - 157 所示。

图 6 - 157　车闸

（1）绘制草图和拉伸凸台：新建零件文件，选定右视图为基准面，绘制草图，如图 6 – 158 所示。

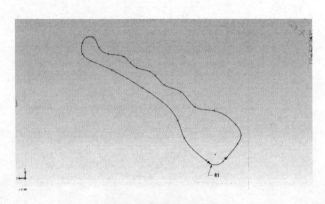

图 6 – 158　绘制草图

选用▨（拉伸凸台）工具，方向为给定深度，距离为 2mm，如图 6 – 159 所示。

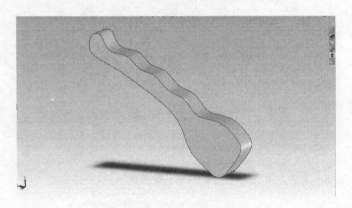

图 6 – 159　拉伸凸台

（2）选择▨（圆角）工具，对边线进行倒圆角，半径为 0.5mm，如图 6 – 160 所示。

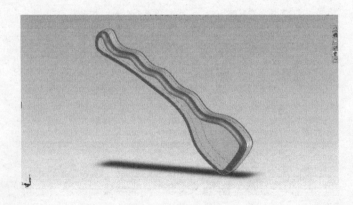

图 6 – 160　倒圆角

6.21　零件 21：车闸栓

部件如图 6 – 161 所示。

图 6 – 161　车闸栓

（1）绘制草图和拉伸凸台：新建零件文件，选定上视图为基准面，绘制直径为 2.5mm，如图 6 – 162 所示。

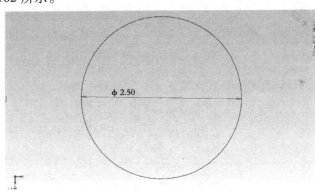

图 6 – 162　绘制草图

选用 ▣（拉伸凸台）工具，方向为给定深度，距离为 6mm，如图 6 – 163 所示。

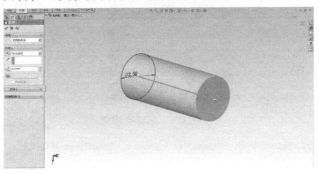

图 6 – 163　拉伸凸台

（2）选择⬚（圆角）工具，对边线进行倒圆角，半径为 0.5mm，如图 6 - 164 所示。

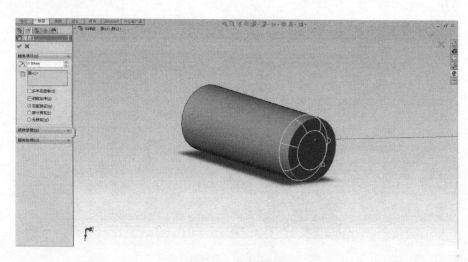

图 6 - 164　倒圆角

6.22　零件 22：后部支撑架

部件如图 6 - 165 所示。

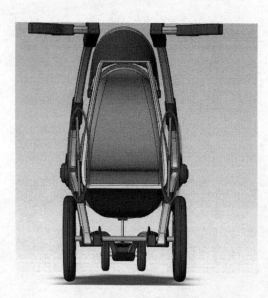

图 6 - 165　后部支撑架

（1）绘制草图和拉伸凸台：新建零件文件，选定上视图为基准面，绘制草图，直径 1.6mm，如图 6 - 166 所示。

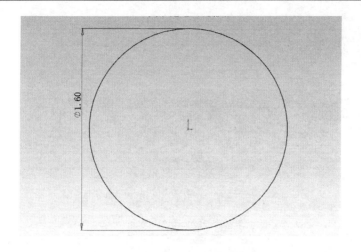

图 6 – 166　绘制草图

选用 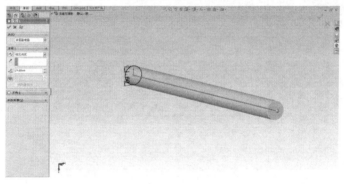（拉伸凸台）工具，方向为给定深度，距离为 24mm，如图 6 – 167 所示。

图 6 – 167　拉伸凸台

（2）绘制草图拉伸凸台：选定右视图为基准面，绘制草图，为下步的肘点制作作准备，如图 6 – 168 所示。

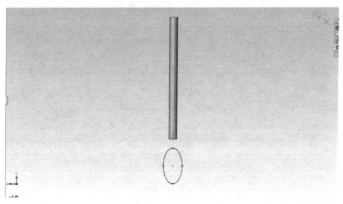

图 6 – 168　绘制草图

6.23 零件23：肘点

部件如图 6 - 169 所示。

图 6 - 169 肘点

（1）绘制草图和拉伸凸台：新建零件文件，选定右视图为基准面，绘制草图，如图 6 - 170 所示。

图 6 - 170 绘制草图 49

选用 🔲（拉伸凸台）工具，方向为给定深度，距离为 2mm，如图 6 - 171 所示。

图 6 - 171 拉伸凸台

（2）绘制草图和拉伸切除：以前视图为基准面，绘制草图，如图6-172所示。

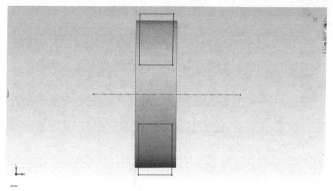

图 6-172 绘制草图

使用◙（拉伸切除）工具，进行拉伸切除，完全贯穿，如图6-173所示。

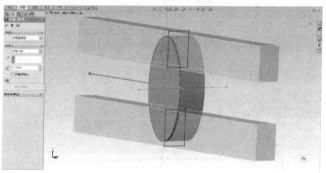

图 6-173 拉伸凸台

6.24 零件24：前部连杆

部件如图6-174所示。

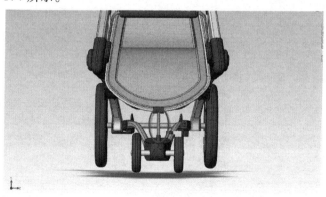

图 6-174 前部连杆

绘制草图和拉伸凸台：新建零件文件，选定上视图为基准面，绘制草图，直径为1.6mm，如图 6 – 175 所示。

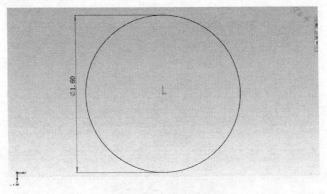

图 6 – 175　绘制草图

选用 ▣（拉伸凸台）工具，方向为给定深度，距离为 20mm，如图 6 – 176 所示。

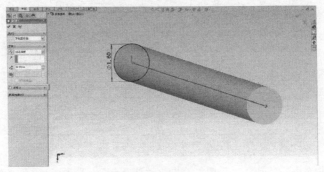

图 6 – 176　拉伸凸台

6.25　零件 25：连杆连接件

部件如图 6 – 177 所示。

图 6 – 177　连杆连接件

以上面同样方法制作复件连杆 1 和复件连杆 2，圆的直径为 2.5mm 和 3.6mm；拉伸尺寸分别为 5mm 和 6mm，如图 6 – 178 所示。

图 6 – 178　拉伸实体

6.26　零件 26：提篮把手

部件如图 6 – 179 所示。

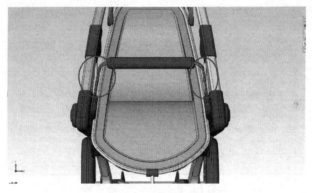

图 6 – 179　提篮把手

（1）绘制草图和拉伸凸台：新建零件文件，选定前视图为基准面，绘制草图，如图 6 – 180 所示。

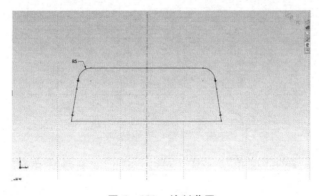

图 6 – 180　绘制草图

选用▣（拉伸凸台）工具，方向为给定深度，距离为 2.2mm，如图 6－181 所示。

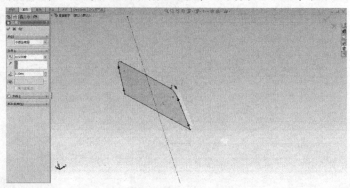

图 6－181 拉伸凸台

（2）绘制草图和切除拉伸：以其中一侧面为基准面，绘制草图，如图 6－182 所示。

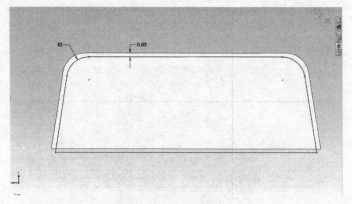

图 6－182 绘制草图

使用▣（拉伸切除）工具，进行拉伸切除，完全贯穿，如图 6－183 所示。

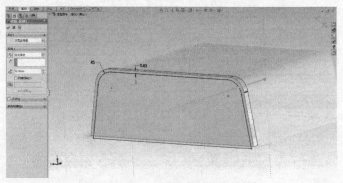

图 6－183 拉伸切除

（3）倒圆角：选择▣（圆角）工具，对边线进行倒圆角，半径为 0.3mm，如图 6－184 所示。

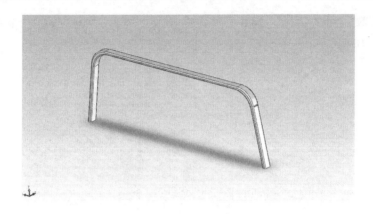

图 6 – 184　倒圆角

绘制草图，为下步提蓝副手制作打基础，直径为 6mm，如图 6 – 185 所示。

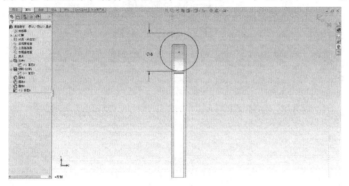

图 6 – 185　绘制草图

6.27　零件 27：提篮副手

部件如图 6 – 186 所示。

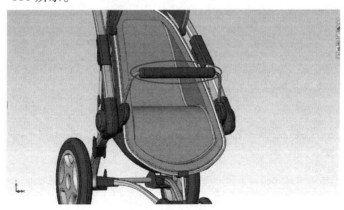

图 6 – 186　提篮副手

（1）绘制草图和拉伸凸台：新建零件文件，选定右视图为基准面，绘制草图，直径为6mm，如图 6－187 所示。

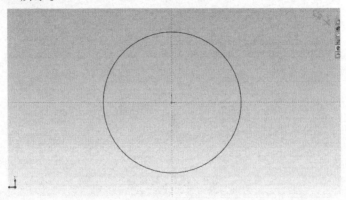

图 6－187 绘制草图

选用[图]（拉伸凸台）工具，方向为给定深度，距离为 45mm，如图 6－188 所示。

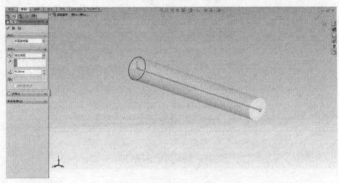

图 6－188　拉伸凸台

（2）倒圆角：选择[图]（圆角）工具，对边线进行倒圆角，半径为 2mm，如图 6－189所示。

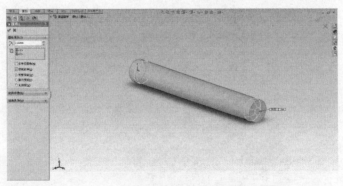

图 6－189　倒圆角

6.28　零件 28：后部零件

部件如图 6 – 190 所示。

图 6 – 190　后部零件

（1）绘制草图和拉伸凸台：新建零件文件，选定右视图为基准面，绘制草图，如图 6 – 191 所示。

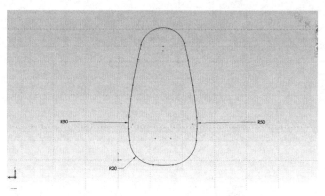

图 6 – 191　绘制草图

选用 ⬚（拉伸凸台）工具，方向为给定深度，距离为 180mm，如图 6 – 192 所示。

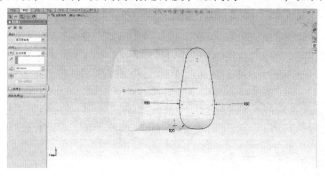

图 6 – 192　拉伸凸台

（2）绘制草图和切除拉伸：以前视图为基准面，绘制草图，如图6-193所示。

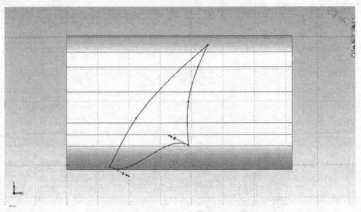

图6-193 绘制草图

使用 🖼（拉伸切除）工具，进行拉伸切除，反侧切除，完全贯穿，如图6-194所示。

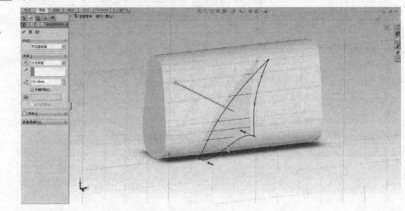

图6-194 拉伸切除

（3）抽壳：选取面1，点选 🖼（抽壳）工具，参数如图6-195所示。

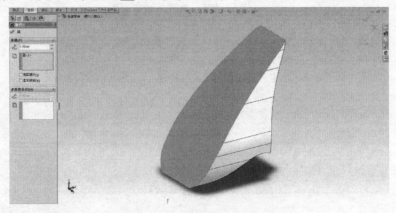

图6-195 抽壳

（4）倒圆角：选择 （圆角）工具，对边线进行倒圆角，半径为 5mm，同样方法做出另一边，如图 6 – 196 所示。

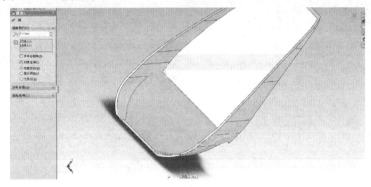

图 6 – 196　倒圆角

底部同样的参数倒角，如图 6 – 197 所示。

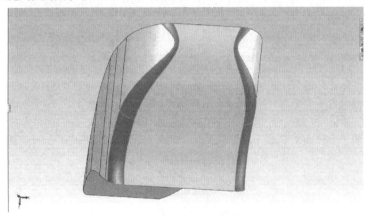

图 6 – 197　倒圆角

（5）绘制草图和切除拉伸：以右视图为基准面，绘制草图，如图 6 – 198 所示。

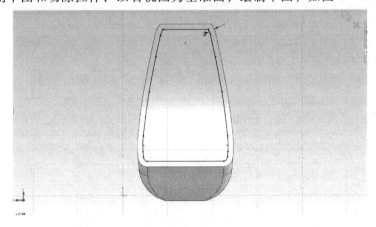

图 6 – 198　绘制草图

使用▣（拉伸切除）工具，进行拉伸切除，完全贯穿，如图 6-199 所示。

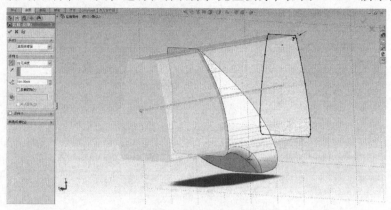

图 6-199 拉伸切除

（6）选择◎（圆角）工具，对边线进行倒圆角，半径为 0.5mm，如图 6-200 所示。

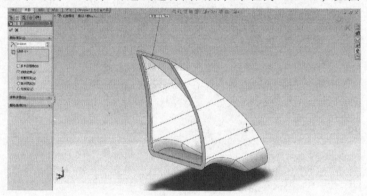

图 6-200 圆角

（7）绘制草图和拉伸切除：以前视图为基准面，绘制草图，如图 6-201 所示。

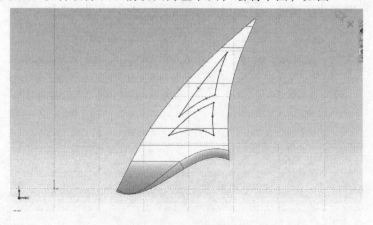

图 6-201 绘制草图

使用▣（拉伸切除）工具，进行拉伸切除，完全贯穿，如图 6-202 所示。

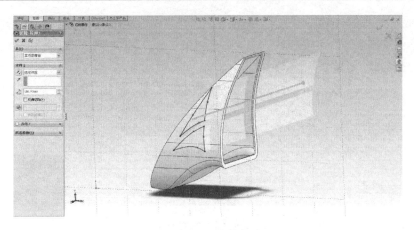

图 6 - 202　拉伸切除

（8）绘制草图和切除拉伸：以前视图为基准面，绘制草图，如图 6 - 203 所示。

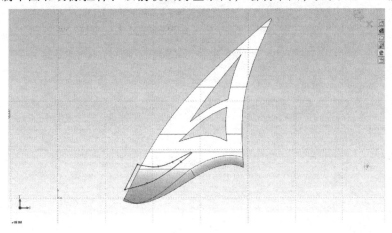

图 6 - 203　绘制草图

使用 ◉（拉伸切除）工具，进行拉伸切除，完全贯穿，如图 6 - 204 所示。

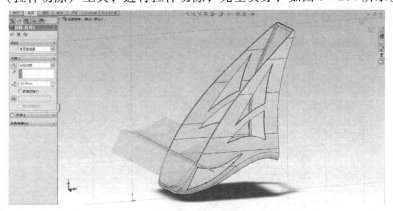

图 6 - 204　拉伸切除

（9）绘制草图和切除拉伸：以前视图为基准面，绘制草图，如图 6 - 205 所示。

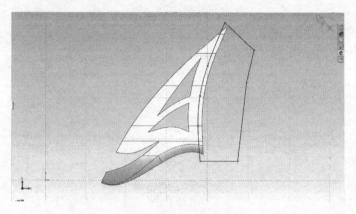

图 6 – 205 绘制草图

使用 ▣（拉伸切除）工具切除拉伸，完全贯穿，如图 6 – 206 所示。

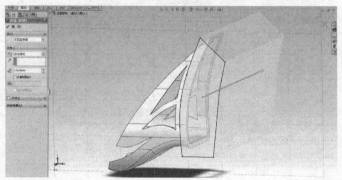

图 6 – 206 切除拉伸

6.29 零件 29：后部零件篮圈

部件如图 6 – 207 所示。

图 6 – 207 后部零件篮圈

在零件 28 制作基础上，使用▣（拉伸切除）工具，进行拉伸切除，点选反侧切除，完全贯穿，如图 6 - 208 所示。

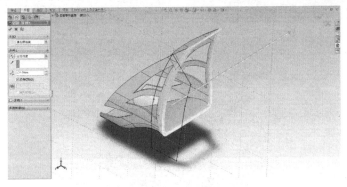

图 6 - 208　拉伸切除

倒圆角：将内外边线进行 1mm 的倒角，如图 6 - 209 所示。

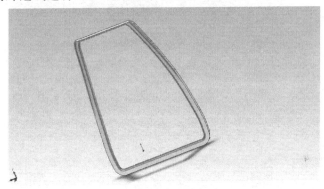

图 6 - 209　倒圆角

结果如图 6 - 210 所示。

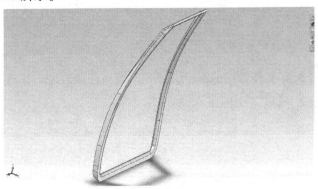

图 6 - 210　后部零件篮圈

6.30 零件30：车篮圈

部件如图 6 – 211 所示。

图 6 – 211　车篮圈

（1）绘制草图和拉伸凸台：选定前视基准面，绘制草图，如图 6 – 212 所示。

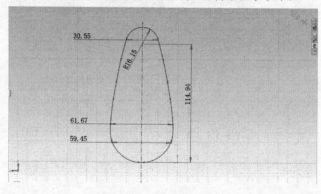

图 6 – 212　绘制草图

选用 （拉伸凸台）工具，方向为给定深度，距离为 130mm，如图 6 – 213 所示。

提示：这里为车篮圈复件通用的部分，另存一份文件命名为车篮圈复件。

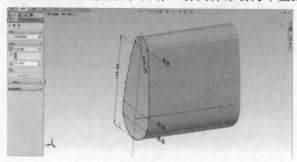

图 6 – 213　拉伸凸台

（2）绘制草图和拉伸切除：选定右视基准面，绘制草图，如图 6 - 214 所示。

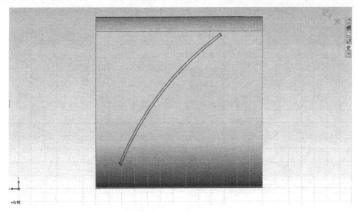

图 6 - 214　绘制草图 63

使用📷（拉伸切除）工具，进行拉伸切除，给定深度，反侧切除，距离为 110mm，如图 6 - 215 所示。

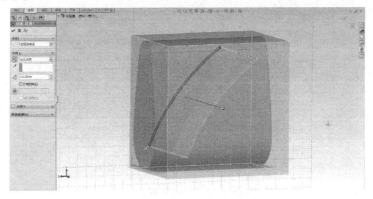

图 6 - 215　拉伸切除

结果如图 6 - 216 所示。

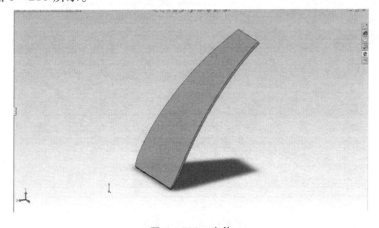

图 6 - 216　实体

选定前视基准面，绘制草图，如图 6 – 217 所示。

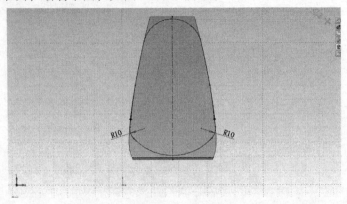

图 6 – 217　绘制草图

使用 ⬛ （拉伸切除）工具，进行拉伸切除，给定深度，反侧切除，距离为 110mm，如图 6 – 218 所示。

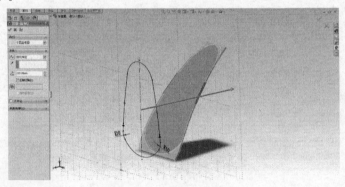

图 6 – 218　拉伸切除

选定前视基准面，绘制草图，如图 6 – 219 所示。可以使用 ⬛ （转换实体引用）工具，把边缘复制一份，再使用 ⬛ （等距实体）工具，把复制的线等距缩小 2mm。

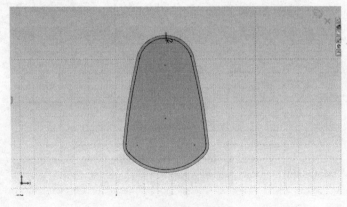

图 6 – 219　绘制草图

使用 ▣（拉伸切除）工具，进行拉伸切，给定深度，距离为 110mm，如图 6 - 220 所示。

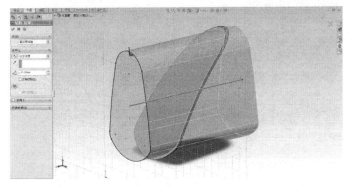

图 6 - 220　拉伸切除

（3）倒圆角：选择 ▣（圆角）工具，对两边的边缘进行倒圆角，选择面圆角，半径为 5mm，如图 6 - 221 所示。

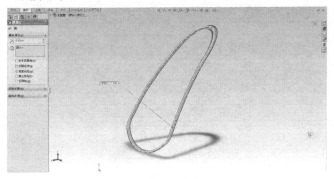

图 6 - 221　倒圆角

6.31　零件 31：车篮圈复件

部件如图 6 - 222 所示。

图 6 - 222　车篮圈复件

（1）打开零件 16——车篮圈中保存的拉伸凸台模型，如图 6-223 所示。

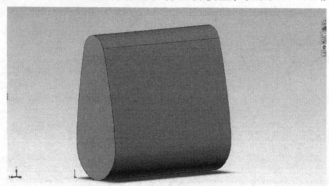

图 6-223　打开零件 16

（2）绘制草图和拉伸切除：选定右视基准面，绘制草图，如图 6-224 所示。

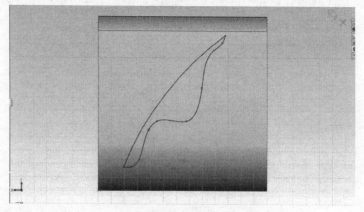

图 6-224　绘制草图

使用 ▣（拉伸切除）工具，进行拉伸切除，两侧对称，反侧切除，距离为 290mm，如图 6-225 所示。

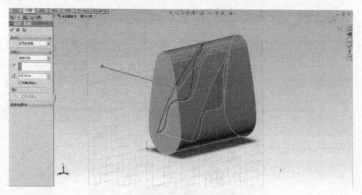

图 6-225　拉伸切除

结果如图 6-226 所示。

选定前视基准面，绘制草图，如图 6-227 所示。

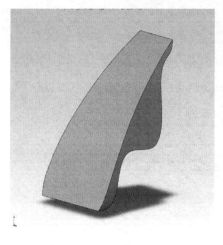
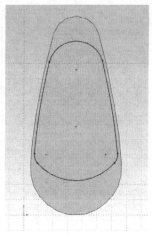

图 6 - 226　实体结果　　　　　　　图 6 - 227　绘制草图

使用▣（拉伸切除）工具，进行拉伸切除，给定深度，反侧切除，距离为 290mm，如图 6 - 228 所示。

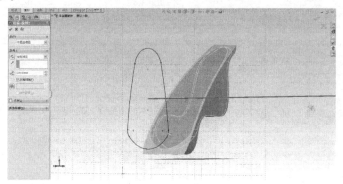

图 6 - 228　拉伸切除

结果如图 6 - 229 所示。

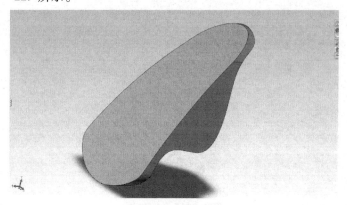

图 6 - 229　实体结果

（3）倒圆角：选择（圆角）工具，对两边的边缘进行倒圆角，选择面圆角，半径为5mm，如图6－230所示。

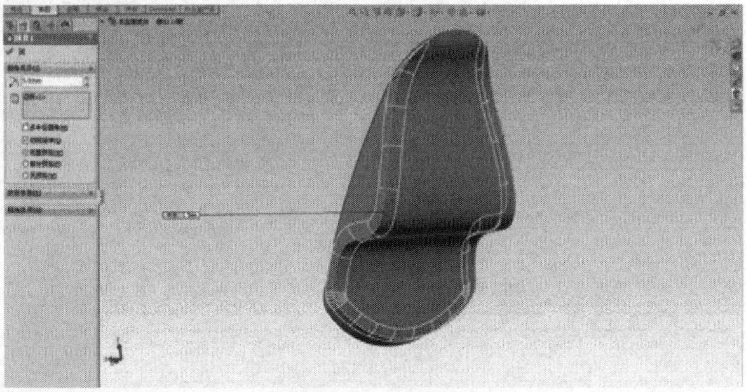

图6－230　倒圆角

同上进行倒圆角，半径为1mm，如图6－231所示。

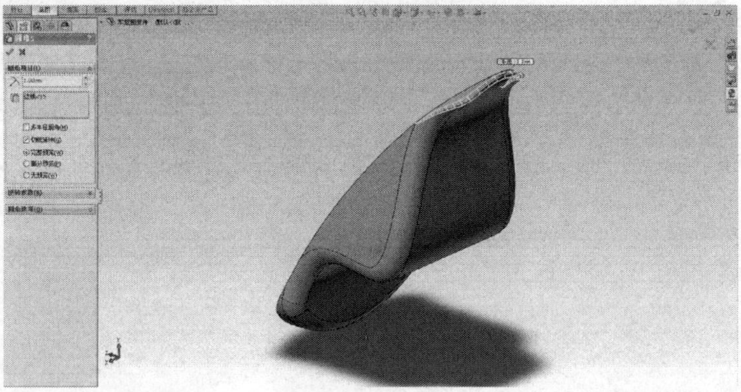

图6－231　倒圆角

同上进行倒圆角，半径为0.5mm，如图6－232所示。

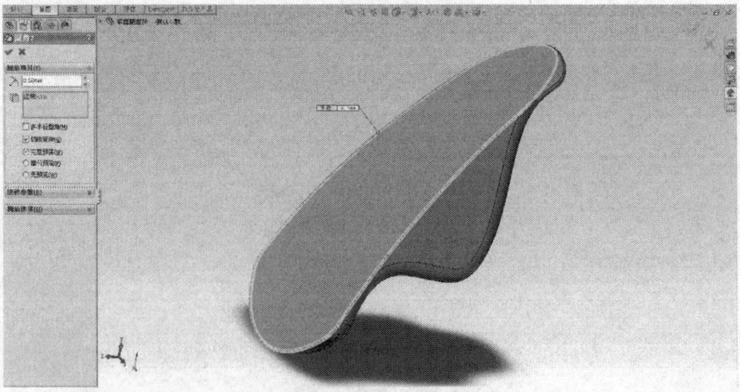

图6－232　倒圆角

（4）抽壳：选用（抽壳）工具，厚度为4mm，如图6－233所示选中面。

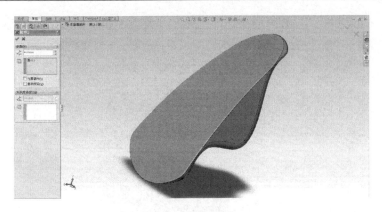

图 6 - 233   抽壳

结果如图 6 - 234 所示。

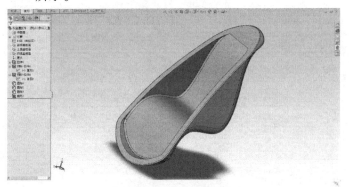

图 6 - 234   车篮圈复件

6.32   零件 32：复件车篮圈

部件如图 6 - 235 所示。

图 6 - 235   复件车篮圈

（1）打开零件 16——车篮圈中保存的拉伸凸台模型，如图 6 - 236 所示。

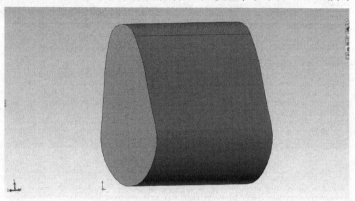

图 6 - 236　打开零件 16

（2）绘制草图和切除拉伸：选定前视基准面，绘制草图，如图 6 - 237 所示。

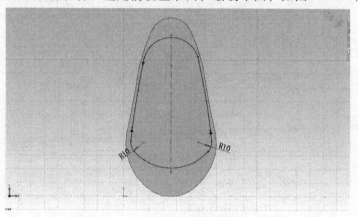

图 6 - 237　绘制草图

使用 ⊡（拉伸切除）工具，进行拉伸切除，给定深度，反侧切除，距离为 180mm，如图 6 - 238 所示。

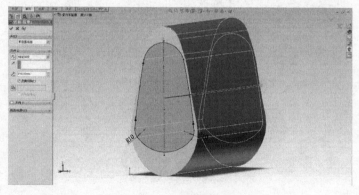

图 6 - 238　拉伸切除

（3）选定右视基准面，绘制草图，如图 6 – 239 所示。

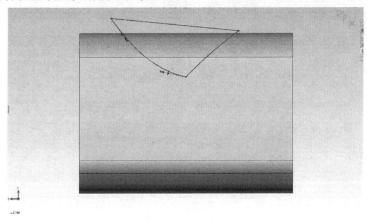

图 6 – 239　绘制草图

（4）使用 (拉伸切除) 工具，进行拉伸切除，两侧对称，反侧切除，距离为 180mm，如图 6 – 240 所示。

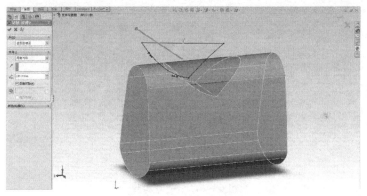

图 6 – 240　拉伸切除

结果如图 6 – 241 所示。

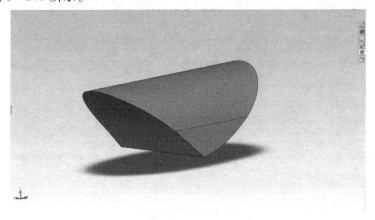

图 6 – 241　实体结果

（5）选定前视基准面，绘制草图，如图 6-242 所示。

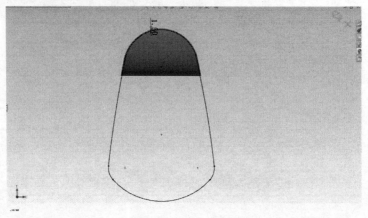

图 6-242 绘制草图

（6）使用（拉伸切除）工具，进行拉伸切除，如图 6-243 所示。

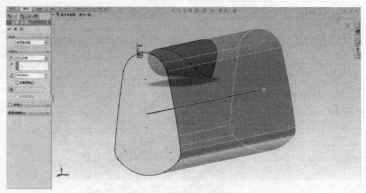

图 6-243 拉伸切除

结果如图 6-244 所示。

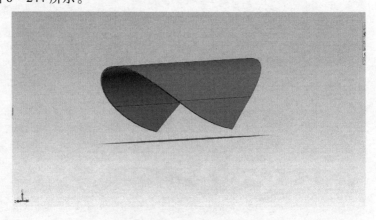

图 6-244 实体结果

（7）选定右视基准面，绘制草图，如图 6-245 所示。

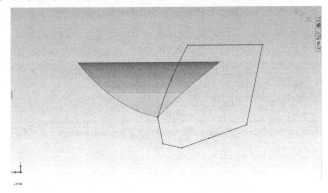

图 6-245　绘制草图

（8）使用▣（拉伸切除）工具，进行拉伸切除，如图 6-246 所示。

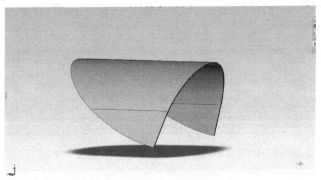

图 6-246　拉伸切除

6.33　零件 33：复件车篮圈边

部件如图 6-247 所示。

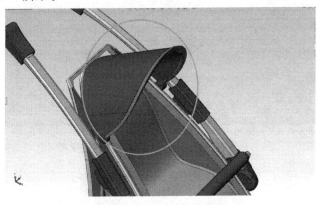

图 6-247　复件车篮圈边

（1）打开零件18，如图6-248所示。

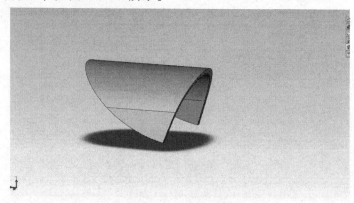

图6-248 零件18

（2）绘制草图和拉伸切除：选定右视基准面，绘制草图，如图6-249所示。

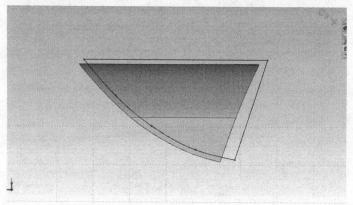

图6-249 绘制草图

使用▣（拉伸切除）工具，进行拉伸切除，完全贯穿，如图6-250所示。

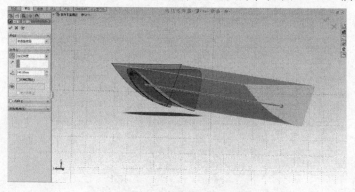

图6-250 拉伸切除

（3）倒圆角：选择▣（圆角）工具，对两边的边缘进行倒圆角，选择面圆角，半径为1mm，如图6-251所示。

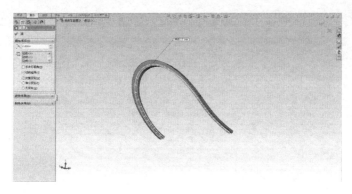

图 6 - 251 倒圆角

6.34 零件 34：复件车篮旋转轴

部件如图 6 - 252 所示。

图 6 - 252 复件车篮旋转轴

（1）绘制草图和拉伸凸台：新建零件文件，选定右视基准面，绘制草图，如图6 - 253 所示。

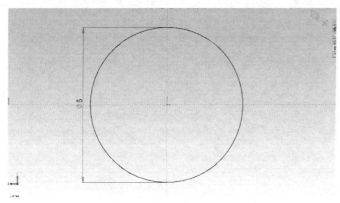

图 6 - 253 绘制草图

选用 ▣ （拉伸凸台）工具，方向为给定深度，距离为 3mm，如图 6 – 254 所示。

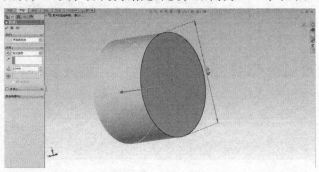

图 6 – 254　拉伸凸台

（2）倒圆角：选择 ▣ （圆角）工具，对两边的边缘进行倒圆角，选择面圆角，半径为 0.5mm，如图 6 – 255 所示。

图 6 – 255　倒圆角

6.35　装配

各个零件完成后，新建一个装配体，将各个零件进行装配。

（1）点击插入零部件，选择后车轴，以此作为参考物右键选择固定，如图 6 – 256 所示。

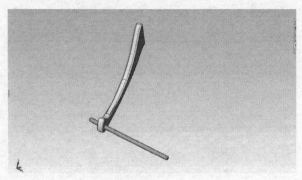

图 6 – 256　插入后车轴

（2）类似地将另一半零件组装，如图 6 – 257 所示。

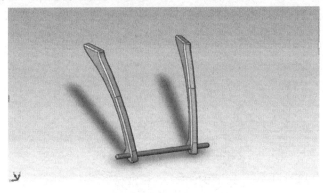

图 6 – 257　组装另一半

（3）点击插入零部件，选择车轴连接处，点击 ▨（配合）工具，选取要配合的两个面使两个零件能够完全配合，如图 6 – 258 所示。

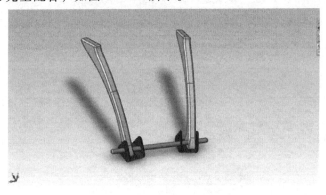

图 6 – 258　插入车轴连接处

（4）点击插入零部件，选择前腿连接件，点击 ▨（配合）工具，选取要配合的两个面使两个零件能够完全配合，如图 6 – 259 所示。

图 6 – 259　插入前腿连接处

（5）点击插入零部件，选择下部车腿，点击工具，选取要配合的两个面使两个零件能够完全配合，如图6-260所示。

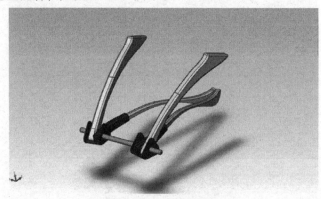

图6-260　插入下部车腿

（6）点击插入零部件，选择前轮点，点击工具，选取要配合的两个面使两个零件能够完全配合，如图6-261所示。

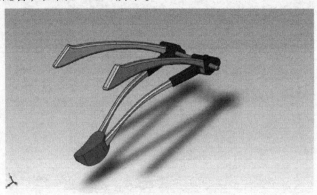

图6-261　插入前轮点

（7）点击插入零部件，选择前轮轴，点击工具，选取要配合的两个面使两个零件能够完全配合，如图6-262所示。

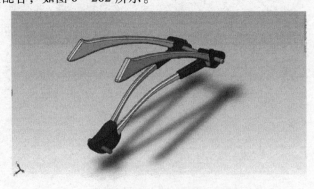

图6-262　插入前轮轴

（8）点击插入零部件，选择前轮，点击 （配合）工具，选取要配合的两个面使两个零件能够完全配合，如图 6 - 263 所示。

图 6 - 263 插入前轮

（9）点击插入零部件，选择前轮圈，点击 （配合）工具，选取要配合的两个面使两个零件能够完全配合，如图 6 - 264 所示。

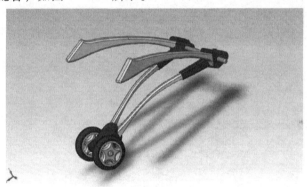

图 6 - 264 插入前轮圈

（10）点击插入零部件，选择后轮，点击 （配合）工具，选取要配合的两个面使两个零件能够完全配合，如图 6 - 265 所示。

图 6 - 265 插入后轮

（11）点击插入零部件，选择四相件，点击 （配合）工具，选取要配合的两个面使两个零件能够完全配合，如图 6 – 266 所示。

图 6 – 266　插入四相件

（12）点击插入零部件，选择大关节，点击 （配合）工具，选取要配合的两个面使两个零件能够完全配合，如图 6 – 267 所示。

图 6 – 267　插入大关节

（13）点击插入零部件，选择大关节轴，点击 （配合）工具，选取要配合的两个面使两个零件能够完全配合，如图 6 – 268 所示。

图 6 – 268　插入大关节轴

（14）点击插入零部件，选择大关节连接件，点击 🔲 （配合）工具，选取要配合的两个面使两个零件能够完全配合，如图 6 – 269 所示。

图 6 – 269　插入大关节连接件

（15）点击插入零部件，选择小关节零件，点击 🔲 （配合）工具，选取要配合的两个面使两个零件能够完全配合，如图 6 – 270 所示。

图 6 – 270　插入小关节零件

（16）点击插入零部件，选择上支架零件，点击 🔲 （配合）工具，选取要配合的两个面使两个零件能够完全配合，如图 6 – 271 所示。

图 6 – 271　插入上支架零件

（17）点击插入零部件，选择三相件零件，点击 （配合）工具，选取要配合的两个面使两个零件能够完全配合，如图 6 – 272 所示。

图 6 – 272　插入三相件

（18）点击插入零部件，选择后部支撑架，点击（配合）工具，选取要配合的两个面使两个零件能够完全配合，如图 6 – 273 所示。

图 6 – 273　插入后部支撑架

（19）点击插入零部件，选择肘点，点击（配合）工具，选取要配合的两个面使两个零件能够完全配合，如图 6 – 274 所示。

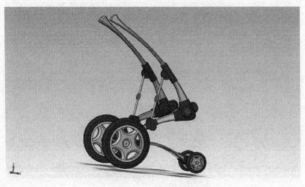

图 6 – 274　插入肘点

（20）点击插入零部件，选择把手连接件，点击 🖋（配合）工具，选取要配合的两个面使两个零件能够完全配合，如图 6 - 275 所示。

图 6 - 275 插入把手连接件

（21）点击插入零部件，选择把手金属件，点击 🖋（配合）工具，选取要配合的两个面使两个零件能够完全配合，如图 6 - 276 所示。

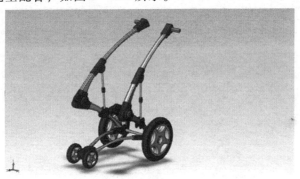

图 6 - 276 插入把手金属件

（22）点击插入零部件，选择把手，点击 🖋（配合）工具，选取要配合的两个面使两个零件能够完全配合，如图 6 - 277 所示。

图 6 - 277 插入把手

（23）点击插入零部件，选择车闸，点击 ▨（配合）工具，选取要配合的两个面使两个零件能够完全配合，如图 6 - 278 所示。

图 6 - 278 插入车闸

（24）点击插入零部件，选择车闸栓，点击 ▨（配合）工具，选取要配合的两个面使两个零件能够完全配合，如图 6 - 279 所示。

图 6 - 279 插入车闸栓

（25）点击插入零部件，选择后部零件，点击 ▨（配合）工具，选取要配合的两个面使两个零件能够完全配合，如图 6 - 280 所示。

图 6 - 280 插入后部零件

（26）点击插入零部件，选择后部零件篮圈，点击 工具，选取要配合的两个面使两个零件能够完全配合，如图 6－281 所示。

图 6－281　插入后部零件篮圈

（27）点击插入零部件，选择车篮圈，点击 工具，选取要配合的两个面使两个零件能够完全配合，如图 6－282 所示。

图 6－282　插入车篮圈

（28）点击插入零部件，选择车篮圈边缘，点击 工具，选取要配合的两个面使两个零件能够完全配合，如图 6－283 所示。

图 6－283　插入车篮圈边缘

（29）点击插入零部件，选择连杆 2，点击▨（配合）工具，选取要配合的两个面使两个零件能够完全配合，如图 6 - 284 所示。

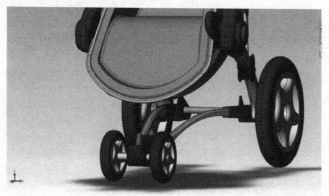

图 6 - 284　插入连杆 2

类似地将连杆组装，如图 6 - 285 所示。

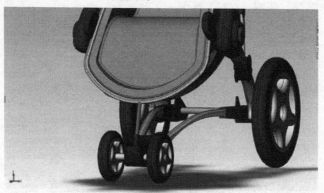

图 6 - 285　插入连杆

类似地将附件连杆组装，如图 6 - 286 所示。

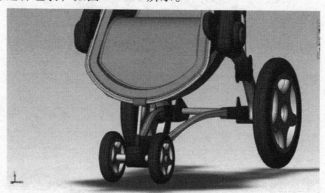

图 6 - 286　插入连杆附件

（30）点击插入零部件，选择附件车篮圈，点击▨（配合）工具，选取要配合的两个面使两个零件能够完全配合，如图 6 – 287 所示。

图 6 – 287　插入附件车篮圈

（31）点击插入零部件，选择附件车篮圈边缘，点击 ▨（配合）工具，选取要配合的两个面使两个零件能够完全配合，如图 6 – 288 所示。

图 6 – 288　插入附件车篮圈边缘

（32）点击插入零部件，选择附件车篮旋转轴，点击▨（配合）工具，选取要配合的两个面使两个零件能够完全配合，如图 6 – 289 所示。

图 6 – 289　插入附件车篮旋转轴

（33）点击插入零部件，选择提篮把手，点击▨（配合）工具，选取要配合的两个面使两个零件能够完全配合，如图 6 – 290 所示。

图 6 – 290　插入提篮把手

（34）点击插入零部件，选择提篮副手，点击▨（配合）工具，选取要配合的两个面使两个零件能够完全配合，如图 6 –291 所示。

图 6 – 291　插入提篮副手

装配完毕！

第7章 KeyShot 渲染

KeyShot 是基于 LuxRender 开发的一种基于物理的没有偏见的渲染引擎。基于先进的技术水平算法，LuxRender 根据物理方程模拟光线流，因此产生逼真的图像，具有照片的品质。本章选用本书中第 4 章和第 6 章的两个产品来做基于 KeyShot 的渲染案例。

7.1 燃气灶渲染

（1）启动软件：双击桌面 KeyShot 图标启动软件，如图 7 - 1 所示。

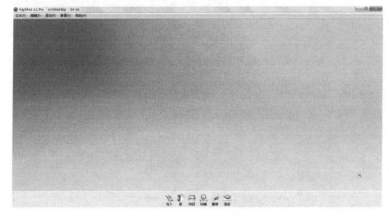

图 7 - 1 启动界面

（2）在窗口左上角是 KeyShot 菜单栏，如图 7 - 2 所示，相关 KeyShot 命令都在里面。

图 7 - 2 菜单栏

（3）窗口中下部是工具栏面板，如图 7 - 3 所示，可以通过点击导入工具将渲染模型导入 KeyShot 软件，或者直接将模型装配体拖入 KeyShot 视窗。

图 7 - 3 工具栏面板

（4）当将模型拖入 KeyShot 视窗后，窗口显示为 KeyShot 导入设置，默认缺省情况，如图 7 - 4 所示。

提示：建议建模时就控制好产品的摆放方式，XZ 平面为水平，Y 轴向上。

图 7 - 4　导入设置面板

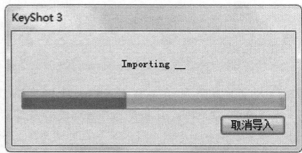

图 7 - 5　数据正在导入

（5）模型数据导入界面，如图 7 - 5 所示。

（6）模型导入后，如图 7 - 6 所示，利用鼠标左键旋转模型角度，中键平移模型，调整为所需视角。

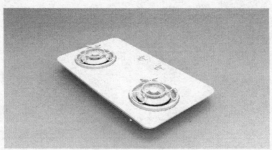

图 7 - 6　模型导入后

（7）点击打开中下部工具栏面板中的项目工具，弹出如图 7 - 7 所示窗口，看到输入的模型名称不能正确显示。

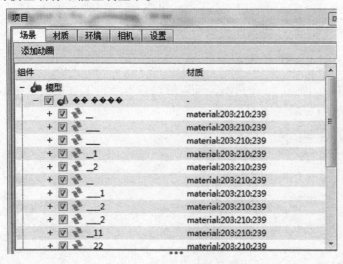

图 7 - 7　项目面板

图 7 - 8　SolidWorks 特征树

（8）参照 SolidWorks 建模文件，如图 7－8 所示，将项目场景面板中模型的文件一一对应点击右键重新命名。

（9）重新命名完成后如图 7－9 所示。

提示：将名称进一步更改的目的是能够更加直观地赋予材质文件。

图 7－9　更改名称后项目面板

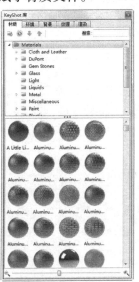

图 7－10　库面板材质栏

（10）点击打开工具栏面板上的库工具，窗口弹出 KeyShot 渲染所需的各类库文件，分别是材质、环境、背景、纹理、渲染，如图 7－10 所示。

（11）根据图 7－11 所示的模型组件名称所对应的材质文件名，在库工具栏中材质面板内选择对应的材质，将材质球拖到项目工具栏上对应的模型组件上。

图 7－11　项目面板的场景栏

提示：此次燃气灶设计为嵌入式钢化玻璃面板，因此，可根据不同外观零件选择相对材质文件，其他非外观模型组件用哑光 Tire 材质替代。如找不到对应材质文件，根据右图材质名称在库面板右上侧搜索栏中搜索，即可看到。

（12）右键点击项目工具栏中场景面板里模型组件下的面板组件，如图 7 - 12 所示，点击编辑材质，进入材质编辑面板。

图 7 - 12　编辑材质菜单

（13）进入材质编辑面板，点击标签栏，点击右边 " + " 按钮添加标签图文件，选择 "C：\ Users \ Administrator \ Documents \ KeyShot 3 \ Texture \ Labels" 文件中的 ks3_ outlines. png 文件，选择盒贴图的方式，相关大小、位置根据需要调整，参数设置如图 7 - 13 所示。

图 7 - 13　材质编辑面板　　　　图 7 - 14　环境编辑面板

（14）环境参数为缺省全局光状态，用户可以根据自己对面板光泽效果的需要，选择环境所旋转的角度，编辑详细设置如图 7 - 14 所示。

（15）根据输出图的质量要求，点击工具栏面板中的渲染工具，弹出渲染选项，点击左边质量栏目，调整参数如图 7 - 15 所示。

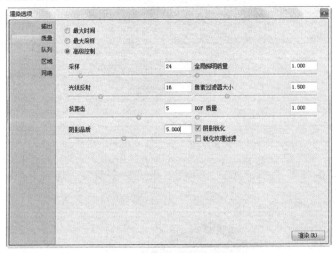

图 7 - 15　渲染选项面板 - 质量栏

（16）根据输出的需要，选择合适大小和分辨率设置，如图 7 - 16 所示，KeyShot 缺省状态下图片输出位置为 "C：\ Users \ Administrator \ Documents \ KeyShot 3 \ Renderings" 文件夹中，设置好后，点击右下角 "渲染" 按钮。

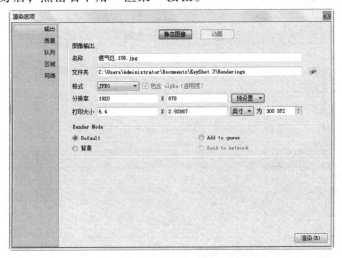

图 7 - 16　渲染选项面板 - 输出栏

（17）图 7 - 17 为正在渲染计算。

图 7 – 17　渲染计算窗口

（18）渲染结果如图 7 – 18 所示（彩色效果另见书前彩页燃气灶）。

图 7 – 18　渲染结果

7.2　儿童车渲染

（1）启动软件：双击桌面 KeyShot 图标启动软件，如图 7 – 19 所示。

图 7 – 19　启动界面

（2）点击导入工具将渲染模型导入 KeyShot 软件，如图 7－20 所示，或者直接将模型装配体拖入 KeyShot 视窗。

图 7－20　工具栏面板

（3）当将模型拖入 KeyShot 视窗后，窗口显示为 KeyShot 导入设置，默认缺省情况，如图 7－21 所示。

图 7－21　导入设置面板

（4）图 7－22 为模型数据导入界面。

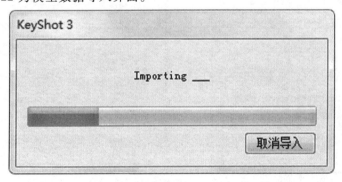

图 7－22　数据正在导入

（5）模型导入后如图 7－23 所示，利用鼠标左键旋转模型角度，中键平移模型，调整为所需视角。

（6）点击打开中下部工具栏面板中的项目工具，弹出如图 7－24 所示窗口，可以看到输入的模型名称不能正确显示。

图 7-23　模型导入后　　　　　　　　　　图 7-24　项目面板

（7）参照 SolidWorks 建模文件，如图 7-25 所示，将项目场景面板中模型的文件一一对应点击右键重新命名。

（8）重新命名完成后如图 7-26 所示。

图 7-25　SolidWorks 特征树　　　　　图 7-26　更改名称后项目面板

（9）点击打开工具栏面板上的库工具，窗口弹出 KeyShot 渲染所需的各类库文件，如

图7-27 所示。

（10）根据图 7-28 所示的模型组件名称所对应的材质文件名，在库工具栏中材质面板内选择对应的材质，将材质球拖到项目工具栏上对应的模型组件上。

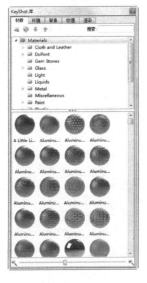

图 7-27　库面板材质栏　　　　　图 7-28　项目面板的场景栏

提示：儿童车设计是外观和结构紧密结合的产品，因此，根据不同外观零件，应选择相对材质文件，拉开材质之间的差距，突出塑料件和五金件的质感。如果找不到对应材质文件，根据右图材质名称在库面板右上侧搜索栏中搜索，即可看到。

（11）环境参数为缺省全局光状态，根据金属的特点，选择 3Panels Straight 2k. hdr 全局光，并将其拖入场景环境，如图 7-29 所示。

（12）详细环境参数和 HDR 贴图角度设置如图 7-30 所示。

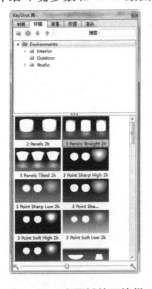

图 7-29　库面板的环境栏　　　　　图 7-30　库面板的环境栏参数设置

（13）根据输出图的质量要求，点击工具栏面板中渲染工具，弹出渲染选项，点击左边质量栏目，调整采样、图像品质等参数，具体如图 7 – 31 所示。

（14）根据输出的需要，选择合适大小和分辨率设置，如图 7 – 32 所示，KeyShot 缺省状态下图片输出位置为"C：\ Users \ Administrator \ Documents \ KeyShot 3 \ Renderings"文件夹中，设置好后，点击右下角渲染。

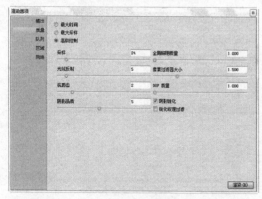

图 7 – 31　渲染选项面板——质量栏

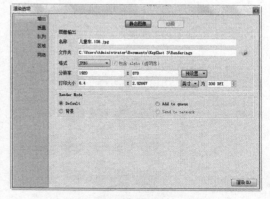

图 7 – 32　渲染选项面板——输出栏

（15）图 7 – 33 为正在渲染计算。

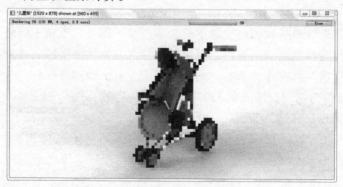

图 7 – 33　渲染计算窗口

（16）渲染结果如图 7 – 34 所示（彩色效果另见书前彩页儿童车）。

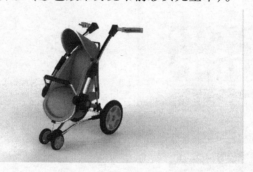

图 7 – 34　渲染结果